普通高等教育"十三五"规划教材

C程序设计实用教程

高建宇　主编

张　伟　章　昊　副主编

化学工业出版社

·北京·

本书采用项目引导和实例讲解的方式编写，主要内容分为"基础知识""模块化知识"和"实战知识"三大部分。基础知识部分共4章，内容涵盖了C语言概述、数据、格式化输入/输出、运算符和表达式；模块化知识部分共6章，内容包括选择分支结构、循环结构、数组、函数、指针、字符串和字符串函数，便于读者清晰地梳理及巩固重要知识点；实战知识部分共3章，主要内容为局部变量与全局变量、结构体与共用体、文件，这部分内容可以结合实际问题进行实践训练，并给出具体程序设计方法，便于读者形成良好的逻辑思维习惯。本书各章后面都有巩固练习，并附参考答案，读者通过这些练习，可以强化实践操作能力。

本书还有配套使用的实训指导书：《C程序设计实训教程》（张伟主编，化学工业出版社出版）。

本书适合于应用型本科院校和高职高专院校作为计算机类专业C语言编程课程的教材。

图书在版编目(CIP)数据

C程序设计实用教程/高建宇主编. —北京：化学
工业出版社，2019.12（2022.7重印）
普通高等教育"十三五"规划教材
ISBN 978-7-122-35371-9

Ⅰ.①C… Ⅱ.①高… Ⅲ.①C语言-程序设计-高等
学校-教材 Ⅳ.①TP312.8

中国版本图书馆 CIP 数据核字（2019）第 227104 号

责任编辑：王听讲 装帧设计：关 飞
责任校对：李雨晴

出版发行：化学工业出版社（北京市东城区青年湖南街 13 号 邮政编码 100011）
印 装：北京科印技术咨询服务有限公司数码印刷分部
787mm×1092mm 1/16 印张 13¾ 字数 334 千字 2022 年 7 月北京第 1 版第 2 次印刷

购书咨询：010-64518888 售后服务：010-64518899
网 址：http://www.cip.com.cn
凡购买本书，如有缺损质量问题，本社销售中心负责调换。

定 价：48.00 元 版权所有 违者必究

前　言

想要学好一门计算机程序设计语言，不应该拘泥于该语言的语法细节，重点是要大量使用该语言来编写程序，从实践中学习与巩固它的基本知识；在程序设计工作中，要对问题进行分析，考虑各种设计的可能性，选择适当的算法、数据结构及语言，编写代码，对代码进行测试。《C 程序设计实用教程》针对这些问题进行了详细介绍。

本书以 C 语言的基本知识为主线，以程序设计思想为核心，由长期从事程序设计教学、软件系统开发的一线教师编写，书中大量教学实例来自于实际开发项目，既有较强的理论性，又具有鲜明的实用性。本书采用项目引导和实例讲解的方式编写，主要内容分为"基础知识""模块化知识"和"实战知识"三大部分。基础知识部分共 4 章，内容涵盖了 C 语言概述、数据、格式化输入/输出、运算符和表达式；模块化知识部分共 6 章，内容包括选择分支结构、循环结构、数组、函数、指针、字符串和字符串函数，便于读者清晰地梳理及巩固重要知识点；实战知识部分共 3 章，主要内容为局部变量与全局变量、结构体与共用体、文件，这部分内容可以结合实际问题进行实践训练，并给出具体程序设计方法，便于读者形成良好的逻辑思维习惯，强化实践操作能力。

本书强化程序设计思想和方法，采用项目教学体系，采取"案例引导"的编写方法，既能保证学生熟悉项目内容，又能较好地掌握知识点；书中的实例选择，既有针对性，又能够让学生通过例子很快掌握对应知识；书中所有例题都经过反复调试，保证其正确无误。本书还有配套使用的实训指导书：《C 程序设计实训教程》（张伟主编，化学工业出版社出版）。我们还将为使用本书的教师免费提供电子教案等教学资源，需要者可以到化学工业出版社教学资源网站 http：//www. cipedu. com. cn 免费下载使用。

本书适合于各类高等本科院校和高职高专院校作为计算机类专业 C 语言编程课程的教材。

本书由华北理工大学轻工学院高建宇主编，张伟、章昊任副主编；参加编写的人员还包括华北理工大学轻工学院张琳，河北省科学技术协会李志强，华北理工大学轻工学院杨炯照、刘金委、李双月。

由于编写时间紧迫以及编者的水平有限，书中难免存在疏漏和不妥之处，恳请广大读者批评指正！

编者
2019 年 9 月

目 录

第一部分 基础知识 / 1

第三部分　实战知识 / 161

第 11 章　局部变量与全局变量 ——————————————————— 162

第 12 章　结构体与共用体 ———————————————————————— 175

第 13 章　文　件 —————————————————————————————— 190

基础知识

第1章

C 语言概述

1.1 C 语言的发展史

C 语言是国际上广泛使用的一种计算机高级语言。早在 1967 年就由英国剑桥大学的 Martin Richards 推出了 BCPL（即 Basic Combined Programming Language）语言，但是这种语言部分数据类型过于简单。1970 年由美国 AT&T 贝尔实验室的 Ken Thompson 在 BCPL 语言的基础上，设计出具有简单数据类型的 B 语言，但功能有限。两年后，贝尔实验室又在 BCPL 和 B 语言基础上，保留了优点，克服了缺点，设计出 C 语言。

1.2 C 语言的特点

（1）C 语言简洁、紧凑，使用方便、灵活。C 语言一共有以下 37 个关键字：

auto	break	case	char	const	continue	default
do	double	else	enum	extern	float	for
goto	if	int	long	register	return	short
signed	static	sizeof	struct	switch	typedef	union
unsigned	void	volatile	while	inline	restrict	_Bool
_Complex	_Imaginary					

（2）运算符丰富。共有 34 种（见附录）。C 把括号、赋值、逗号等都作为运算符处理，从而使 C 的运算类型极为丰富，可以实现其他高级语言难以实现的运算。

（3）数据结构类型丰富。C 语言提供的数据类型包括：整型、浮点型、字符型、数组类型、指针类型、结构体类型和共用体类型等。尤其是指针类型数据，使用十分灵活和多样化，能用来实现各种复杂的数据结构（如链表、树、栈等）的运算。

（4）具有结构化的控制语句。如 if…else 语句、while 语句、do…while 语句、switch 语句和 for 语句。用函数作为程序的模块单位，便于实现程序的模块化，所以 C 语言是完全模块化和结构化的语言。

（5）语法限制不太严格，程序设计自由度大。例如，对数组下标越界不进行检查，由程序编写者自己保证程序正确。对变量的类型使用比较灵活，例如，整型量与字符型数据，以及逻辑型数据可以通用。一般的高级语言语法检查比较严格，能检查出几乎所有的语法错误，而 C 语言允许程序编写者有较大的自由度，因此放宽了语法检查。程序员应当仔细检查程序，保证其正确，而不要过分依赖 C 语言编译程序查错。"限制"与"灵活"是一对矛盾。限制严格，就失去灵活性；而强调灵活，就必然放松限制。对于编程不熟练的人员，编一个正确的 C 语言程序可能会比编一个其他高级语言程序难一些。也就是说，对用 C 语言编程的人要求更高一些。

（6）C 语言允许直接访问物理地址，能进行位（bit）操作，能实现汇编语言的大部分功能，可以直接对硬件进行操作。C 语言既具有高级语言的功能，又具有低级语言的许多功能，因此有人又称 C 语言为中级语言。C 语言的这种双重性，使它既是成功的系统描述语言，又是通用的程序设计语言。

（7）与汇编语言相比，用 C 语言写的程序可移植性好。由于 C 语言的编译系统相当简洁，因此很容易移植到新的系统。而且 C 语言编译系统在新的系统上运行时，可以直接编译"标准链接库"中的大部分功能，不需要修改源代码，因为标准链接库是用可移植的 C 语言编写的。因此，几乎在所有的计算机系统中都可以使用 C 语言。

（8）生成目标代码质量高，程序执行效率高，但是，C 语言对程序员要求也高。程序员用 C 语言写程序会感到限制少、灵活性大、功能强，但较其他高级语言在学习上要困难一些。

1.3　模块化结构

初期的计算机编程语言属于非结构化的语言，编程风格比较随意，只要符合语法规则即可，没有严格的规范要求，程序中的流程可以随意跳转。人们往往追求程序执行的效率而采用了许多"小技巧"，使程序变得难以阅读和维护。早期的 BASIC、FORTRAN 和 ALGOL 等都属于非结构化的语言。

为了解决以上问题，人们提出了"结构化程序设计方法"，规定程序必须由具有良好特性的基本结构：顺序结构、分支结构、循环结构构成。程序中的流程不允许随意跳转，程序总是由上而下顺序地执行各个基本结构。这种程序结构清晰，易于编写、阅读和维护。

1.4　C 语言程序的开发过程

（1）上机输入和编辑计算机源程序。生成源程序代码，文件后缀为".c"。

（2）对源程序进行编译。编译的作用首先是对源程序进行检查，判定是否有语法方面的错误。如果有错，则需进行修改，然后重新进行编译。如此反复进行，直到无语法错误为止。编译通过之后，自动将源程序转换为二进制形式的目标程序，生成目标文件，后缀为".obj"。

（3）进行连接处理。经过编译得到二进制目标文件后不能供计算机直接执行。前面已说明，一个程序可能包含若干个源程序文件，而编译是以源程序文件为对象的，一次编译只能得到与一个源程序文件相对应的目标文件，它只是整个程序的一部分。必须把所有的编译后得到的目标文件连接"装配"起来，再与函数库相连接成一个整体，生成一个可供计算机执行的目标程序，称为可执行文件，后缀为".exe"。

（4）运行可执行程序，得到运行结果。

（5）对结果进行分析，如果不满足要求，则再次对程序进行调试直至成功。

（6）归纳总结，编写文档。

1.5 简单 C 语言程序的构成和格式

我们从一个简单的实例来说明 C 程序的结构特征。这个例子就是我们经常使用计算器求两个整数的和。计算器是如何知道按下的整数值是什么？又是如何进行加法计算并显示出来的呢？可以通过以下程序实现。

【例 1.1】 求两个整数的和。

```
#include <stdio.h>
main( )            //定义主函数
{
    int a,b,sum;
    scanf("%d+&d",&a,&b);
    sum=a+b;
    printf("sum is %d\n",sum);
}
```

该程序输入 123+456 时，屏幕上输出结果为 sum is 579。

首先，任何一个 C 程序必须有且只有一个 main（）主函数，能实现某种功能的程序语句应放在函数体中，每条语句结束后分号必不可少。

计算机通过 scanf（）函数识别人们输入的数据值，scanf 的功能是将输入的第一个整数值赋给变量 a，第二个整数赋给变量 b。这条语句中用到了变量 a 和 b，因此需要在该语句之前先定义变量，即"int a，b，sum;"定义变量 a、b、sum 为整型变量。

计算机获得输入的两个整型数据之后，通过"sum＝a＋b;"语句求得 a 与 b 值的"和"，并将"和"赋给变量 sum。

最后，通过 printf（）函数向屏幕输出结果即 sum 的值。其中′\n′是换行符，即在输出"sum is 579"后回车换行；另外使用到输入输出库函数时，要在程序开头书写#include〈stdio.h〉命令。

该程序中，"//定义主函数"表示注释部分，对编译和运行不起作用。

【例 1.2】求两个整数中的较大者。

```
main( )
{
    int a ,b,c;
    scanf("%d,%d",&a,&b);
    c=max(a,b);
```

```
    printf ("max= %d\n",c);
}
int   max (int x,int y)
{
    int z;
    if(x>y)   z=x;
    else    z=y;
    return(z);
}
```

说明：该程序的作用是从键盘输入两个整数，然后在屏幕上输出它们中较大值的数。

程序的第 5 行是调用 max () 函数，在调用过程中将实际参数 a 和 b 的值，分别传递给 max () 函数中的形式参数 x 和 y，然后得到一个返回值（z 的值），并把这个值赋给变量 c。

运行情况如下：

2, 8 ↙

max=8

结论分析：

从以上几个例题，可以看到 C 程序的结构特征。

（1）C 程序是由函数构成的。一个 C 程序至少有一个 main () 函数，也可以包含一个 main () 函数和若干个其他函数。

（2）一个函数由两部分构成，即函数说明部分与函数体。

函数说明部分，即函数的第一行，包括函数类型、函数名、形参类型、形参名。

函数体是由一对大括号 { } 括起来的语句集合。函数体一般包括有声明部分和执行部分。声明部分用于定义所用到的变量，执行部分由若干语句组成。

（3）一个 C 程序总是从 main () 函数开始执行，而不管 main () 在源程序中的位置，执行完主函数中的所有语句后，程序就结束。

（4）每个语句和变量定义的最后必须要有一个分号，分号是 C 语句的必要组成部分。

（5）C 语言本身没有提供输入和输出语句，输入输出操作是通过库函数 scanf ()、printf () 等函数来实现的。

（6）C 语言用对程序进行注释，//表示单行注释。以/ * 开始，以 * /结束称为块注释。/和 * 之间不允许留有空格，应当一一对应匹配，注释部分允许出现在程序中的任何位置上。程序中加一些注释，可以增加程序的可读性。

1.6 算法和流程图

1.6.1 算法

做任何事情都有一定的步骤。为解决一个问题而采取的方法和步骤，就称为算法。算法是程序的灵魂。对同一个问题，可以有不同的解题方法和步骤，为了有效地进行解题，不仅需要保证算法正确，还要考虑算法的质量，选择合适的算法。

【例 1.3】 求 $1\times2\times3\times4\times5$。

最原始的计算方法如下。

步骤 1：先求 1×2，得到结果 2。

步骤 2：将步骤 1 得到的结果 2 乘以 3，得到结果 6。

步骤 3：将 6 再乘以 4，得 24。

步骤 4：将 24 再乘以 5，得 120。

这样的算法虽然正确，但太繁琐。

改进的算法如下。

S1：使 $t=1$；

S2：使 $i=2$；

S3：使 $t\times i$，乘积仍然放在变量 t 中，可表示为 $t\times i \rightarrow t$；

S4：使 i 的值 $+1$，即 $i+1\rightarrow i$；

S5：如果 $i\leqslant5$，返回重新执行步骤 S3 以及其后的 S4 和 S5，否则算法结束。

如果计算 100！只需将"S5：如果 $i\leqslant5$"改成 $i\leqslant100$ 即可。

如果该求 $1\times3\times5\times7\times9\times11$，算法也只需做很少的改动：

S1：$1\rightarrow t$；

S2：$3\rightarrow i$；

S3：$t\times i\rightarrow t$；

S4：$i+2\rightarrow t$；

S5：若 $i\leqslant11$，返回 S3，否则结束。

该算法不仅正确，而且是计算机较好的算法，因为计算机是高速运算的自动机器，实现循环轻而易举。

现将几个常用算法举例如下。

【例 1.4】 有 50 个学生，要求将他们之中成绩在 80 分以上者打印出来。

如果，n 表示学生学号，ni 表示第 i 个学生学号；g 表示学生成绩，gi 表示第 i 个学生成绩，则算法可表示如下：

S1：$1\rightarrow i$；

S2：如果 $gi\geqslant80$，则打印 ni 和 gi，否则不打印；

S3：$i+1\rightarrow i$；

S4：若 $i\leqslant50$，返回 S2，否则结束。

【例 1.5】 判定 2000—2500 年中的每一年是否闰年，将结果输出。

满足以下两个条件之一即为闰年：

（1）能被 4 整除，但不能被 100 整除的年份；

（2）能被 100 整除，又能被 400 整除的年份。

设 y 为被检测的年份，则算法可表示如下：

S1：$2000\rightarrow y$；

S2：若 y 不能被 4 整除，则输出 y "不是闰年"，然后转到 S6；

S3：若 y 能被 4 整除，不能被 100 整除，则输出 y "是闰年"，然后转到 S6；

S4：若 y 能被 100 整除，又能被 400 整除，输出 y "是闰年"，否则输出 y "不是闰年",然后转到 S6；

S5：输出 y "不是闰年"；

S6：y+1→y；

S7：当 y≤2500 时，返回 S2 继续执行，否则结束。

【例 1.6】 求 $1-\dfrac{1}{2}+\dfrac{1}{3}-\dfrac{1}{4}+\cdots+\dfrac{1}{99}-\dfrac{1}{100}$。

算法可表示如下：

S1：sigh=1；

S2：sum=1；

S3：deno=2；

S4：sigh=(−1)×sigh；

S5：term= sigh×(1/deno)；

S6：term=sum+term；

S7：deno= deno +1；

S8：若 deno≤100，返回 S4，否则结束。

【例 1.7】对一个大于或等于 3 的正整数，判断它是不是一个素数。

算法可表示如下：

S1：输入 n 的值；

S2：i=2；

S3：n 被 i 除，得余数 r；

S4：如果 r=0，表示 n 能被 i 整除，则打印 n "不是素数"，算法结束，否则执行 S5；

S5：i+1→i；

S6：如果 i≤n−1，返回 S3，否则打印 n "是素数"，然后算法结束。

改进如下：

S6：如果 i≤$\sqrt{n}$，返回 S3，否则打印 n "是素数"，然后算法结束。

1.6.2　流程图

为了表示一个算法，可以有不同的方法：自然语言、传统流程图、结构化流程图、NS 流程图、伪代码等。由于自然语言法表示算法比较繁琐，只适用于解决很简单的问题，因此不常使用。伪代码较接近程序语言。流程图表示算法，直观形象，易于理解，下面针对流程图方法进行介绍。

1）传统流程图

流程图是用一些图框来表示各种操作。美国国家标准化协会 ANSI（American National Standard Institute）规定了一些常用的流程图符号，见图 1.1。

起止框：用来表示一个程序的开始和结束。

输入输出框：程序中有关输入输出过程放在平行四边形中表示。

判断框：是对一个给定的条件进行判断，根据给定的条件是否成立决定如何执行其后的操作。它有一个入口，两个出口。

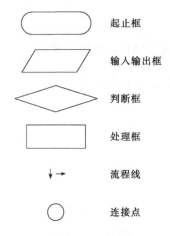

	起止框
	输入输出框
	判断框
	处理框
↓ →	流程线
○	连接点

图 1.1　流程图常用符号

处理框：解决问题的每一步骤用处理框完成。

流程线：反映流程的先后，程序要沿着箭头的方向去执行。

连接点：用于将画在不同地方的流程线连接起来。

下面将算法一节中所举的两个例子，用流程图来表示。

◉【例 1.8】　将例 1.3 求 5! 的计算用流程图表示（图 1.2）。

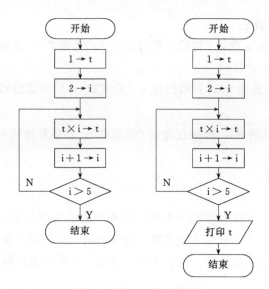

图 1.2　例 1.3 的流程图

◉【例 1.9】　用流程图表示判别素数的算法（图 1.3）。

2）结构化流程图

传统的流程图用流程线指出各框的执行顺序，对流程线的使用没有严格限制。因此，使用者可以不受限制地使用流程线随意地转来转去，使流程图变得毫无规律，阅读时要花很大精力去追踪流程，使人难以理解算法的逻辑。

为了提高算法的质量，使算法的设计和阅读方便，必须限制流程线的滥用，即不允许无规律地使用流程线随意转向，只能顺序地执行下去。但是，算法上难免会包含一些分支和循环，而不可能全部由一个个顺序框组成。1966 年，Bohra 和 Jacopini 两位专家提出了以下三种基本结构，由这些基本结构按照一定规律组成一个算法结构。

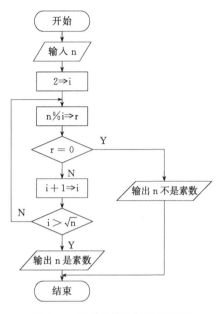

图 1.3　判别素数的算法流程图

（1）顺序结构

图 1.4 所示的虚线框内是一个顺序结构，是一种最简单的基本结构。其中 A 和 B 两个框是顺序执行的，即在执行完 A 框所代表的操作后，接着执行 B 框所代表的操作。

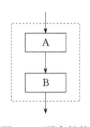

图 1.4　顺序结构

（2）选择结构

选择结构又称选取结构或分支结构，此结构必包含一个判断框（图 1.5）。

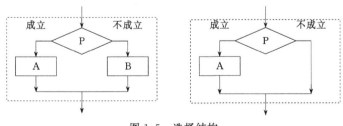

图 1.5　选择结构

（3）循环结构

图 1.6 所示为 C 程序的循环结构。

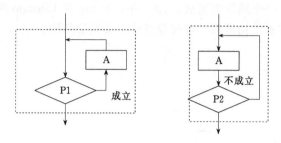

图 1.6　循环结构

将例 1.9 流程图改进为图 1.7 所示的循环结构。

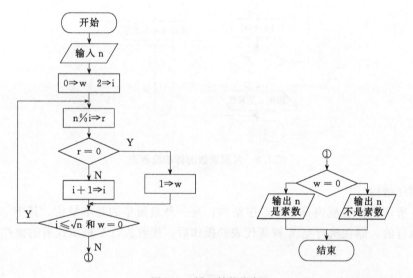

图 1.7　循环结构举例

<hr />

本章小结

　　本章介绍了关于 C 语言的发展史、特点、模块化结构化等概念，并通过几个简单的 C 语言程序讲解了编程语法和思想，同时介绍了算法的重要性。算法是程序设计的灵魂，好的算法能够提高计算机程序的质量。

巩固练习

【题目】

1. 什么是计算机程序？程序设计有什么意义？

2. 什么是计算机语言？计算机语言分为哪几个发展阶段？

3. C 语言的结构特点是什么？

4. 什么是算法？它有哪些特性？

5. 为什么要提倡使用结构化算法？

6. 结构化程序设计的方法？

7. 试从日常生活中找 3 个例子，描述它们的算法。

8. 用流程图表示两个数按从大到小的顺序排列，并输出到屏幕。

9. 用流程图表示三个数按从小到大的顺序排列，并输出到屏幕。

10. 上机运行以下程序，注意注释的方法。分析运行结果，掌握注释的用法。

（1）程序：

```
#include〈stdio. h〉
int main()
{
    printf("How do you do! \n");    //这是行注释,注释范围从//起至换行符止
    return 0;
}
```

（2）把第 4 行改为：

```
printf("How do you do! \n");    /* 这是块注释 */
```

（3）把第 4 行改为以下两行：

```
printf("How do you do! \n");    /* 这是块注释,如在本行内写不完,可以在下一行继续
                                写。这部分内容均不产生目标代码 */
```

（4）把第 4 行改为：

```
//printf("How do you do! \n");
```

（5）把第 4 行改为：

```
printf("How do you do! \n");    //在输出的字符串中加入//
```

（6）用块注释符把几行语句都作为注释，例如：

```
/* printf("How do you do! \n");
return 0; */
```

【参考答案】

1. 计算机程序是指一组计算机能识别和执行的指令。只要计算机执行这个程序，计算机就会自动地、有条不紊地进行工作，计算机的一切操作都由程序控制。若离开程序，则计算机将一事无成。

2. 计算机语言是指人和计算机交流信息，并且计算机和人都能识别的语言。计算机语言经历了机器语言、符号语言、高级语言三大阶段。

3. C 语言主要特点如下：

（1）语言简洁、紧凑，使用方便、灵活。

（2）有丰富的运算符，表达式类型多样。

（3）数据类型丰富。

（4）具有结构化的控制语句，实现程序模块化。

（5）语法限制不太严格，程序设计自由度大。

（6）允许直接访问物理地址，能进行位操作。

（7）用 C 语言编写的程序可移植性好。

（8）生成目标代码质量高，程序执行效率高。

4. 为解决一个问题而采取的方法和步骤，称之为"算法"。对同一个问题，可以有不同的解决方法和步骤。一个有效算法应该具有以下特点：

（1）有穷性，一个算法应包含有限的操作步骤，而不能是无限的。

（2）确定性，算法中的每一个步骤都应当是确定的，而不应当是含糊的、模棱两可的。

（3）有零个或多个输入，所谓输入是指在执行算法时需要从外界取得必要的信息。

（4）有一个或多个输出，算法的目的是为了求解，"解"就是输出。

（5）有效性，算法中的每一个步骤都应当能有效地执行，并得到确定的结果。

5. 传统的流程图用流程线指出各框的执行顺序，对流程线的使用没有严格限制，使用者可以毫不受限制地使流程随意地转来转去，使人难以理解算法的逻辑。使用结构化算法能提高算法的质量和程序执行效率。三大结构化流程图只含有顺序结构、选择结构、循环结构三种基本结构，由这些基本结构按一定规律组成一个算法结构，可提高算法的质量，使算法的设计和阅读方便。

6. 自顶向下，逐步细化，模块化设计，结构化编码。

7. 略。

8. 略。

9. 略。

10. 略。

第2章

数 据

2.1 数据类型

在数学中，数值是不分类型的，数值的运算是绝对准确的，例如 23 与 64 之和为 87，10/3 的值是 3.33333333…（循环小数）。数学是一门研究抽象的学科，数与数的运算都是抽象的。而在计算机中，数据是存放在存储单元中的，它是具体存在的。而且，存储单元是由有限的字节构成，每一个存储单元中存放数据的范围是有限的，不可能存放"无穷大"的数，也不能存放循环小数。

所谓类型，就是对数据分配存储单元的安排，包括存储单元的长度（占用的字节数）以及数据的存储形式。不同的类型分配不同的长度和存储形式。

C 语言常用的数据类型见图 2.1。

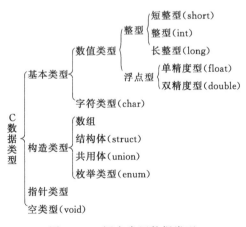

图 2.1　C 语言常用数据类型

其中基本类型和枚举类型的值都是数值，统称为算术类型（arithmetic type）。算术类型和指针类型统称为纯量类型（scalar type），因为其变量的值是以数字来表示的。枚举类型是程序中用户定义的整数类型。数组类型和结构体类型统称为组合类型（aggregate type），共用体类型不属于组合类型，因为在同一时间内只有一个成员具有值。函数类型用来定义函数，描述一个函数的接口，包括函数返回值的数据类型和参数的类型。

（1）基本类型：基本数据类型最主要的特点是，其值不可以再分解为其他类型。也就是说，基本数据类型是自我说明的。

（2）构造类型：构造数据类型是根据已定义的一个或多个数据类型用构造的方法来定义的。也就是说，一个构造类型的值可以分解成若干个"成员"或"元素"。每个"成员"都是一个基本数据类型或又是一个构造类型。

（3）指针类型：指针是一种特殊的，同时又是具有重要作用的数据类型。其值用来表示某个变量在内存储器中的地址。虽然指针变量的取值类似于整型量，但这是两个类型完全不同的量，因此不能混为一谈。

（4）空类型：在调用函数值时，通常应向调用者返回一个函数值。这个返回的函数值是具有一定的数据类型的，应在函数定义及函数说明中给以说明，例如，在给出的 max 函数定义中，函数头为：int max (int a，int b)；其中"int"类型说明符即表示该函数的返回值为整型量。又如，若使用了库函数 sin，由于系统规定其函数返回值为双精度浮点型，因此在赋值语句"s＝sin(x)；"中，s 也必须是双精度浮点型，以便与 sin 函数的返回值一致。所以在说明部分，把 s 说明为双精度浮点型。但是，也有一类函数，调用后并不需要向调用者返回函数值，这种函数可以定义为"空类型"。其类型说明符为 void。这在后面函数中还要详细介绍。

在本章中，我们将介绍基本数据类型中的整型、浮点型和字符型，其余类型将在以后各章中陆续介绍。

2.2 常量与变量

在计算机高级语言中，数据有两种表现形式：常量和变量。

在程序执行过程中，其值不发生改变的量称为常量，其值可变的量称为变量。它们可与数据类型结合起来分类。例如，可分为整型常量、整型变量、浮点常量、浮点变量、字符常量、字符变量、枚举常量、枚举变量。在计算机程序中，常量是可以不经说明而直接引用的，而变量则必须先定义后使用。

2.2.1 常量和符号常量

在程序执行过程中，其值不发生改变的量称为常量。在 C 语言程序设计中，普通常量和符号常量都有各自的表示方法。

1）整型常量的表示方法

整型常量就是整常数。在 C 语言中，使用的整常数有八进制、十六进制和十进制三种。

（1）十进制整常数：十进制整常数没有前缀。其数码为 0～9。

以下各数是合法的十进制整常数：237、－568、65535、1627；

以下各数不是合法的十进制整常数：023（不能有前导 0）、23D（含有非十进制数码）。

在程序中是根据前缀来区分各种进制数的。因此在书写常数时，不要把前缀弄错造成结果不正确。

（2）八进制整常数：八进制整常数必须以0开头，即以0作为八进制数的前缀。数码取值为0～7。八进制数通常是无符号数。

以下各数是合法的八进制数：

015（十进制为13）、0101（十进制为65）、0177777（十进制为65535）。

以下各数不是合法的八进制数：

256（无前缀0）、03A2（包含了非八进制数码）、−0127（出现了负号）。

（3）十六进制整常数：十六进制整常数的前缀为0X或0x。其数码取值为0～9、A～F或a～f。

以下各数是合法的十六进制整常数：

0X2A（十进制为42）、0XA0（十进制为160）、0XFFFF（十进制为65535）。

以下各数不是合法的十六进制整常数：

5A（无前缀0X）、0X3H（含有非十六进制数码）。

（4）整型常数的后缀：在16位字长的机器上，基本整型的长度也为16位，因此表示的数的范围也是有限定的。十进制无符号整常数的表示范围为0～65535，有符号整常数表示范围为−32768～+32767。八进制无符号整常数的表示范围为0～0177777。十六进制无符号整常数的表示范围为0X0～0XFFFF或0x0～0xFFFF。如果使用的数超过了上述范围，就必须用长整型常数来表示。长整型常数是用后缀"L"或"l"来表示的。

例如：

十进制长整常数：158L（十进制为158）、358000L（十进制为358000）；

八进制长整常数：012L（十进制为10）、077L（十进制为63）、0200000L（十进制为65536）；

十六进制长整常数：0X15L（十进制为21）、0XA5L（十进制为165）、0X10000L（十进制为65536）。

长整常数158L和基本整常数158在数值上并无区别，但对于158L，因为是长整型量，C编译系统将为它分配4个字节存储空间，而对于158，因为是基本整型，只分配2个字节的存储空间。因此在运算和输出格式上要予以注意，避免出错。

无符号数也可用后缀表示，整型常数的无符号数的后缀为"U"或"u"。

例如：358u、0x38Au、235Lu均为无符号数。

前缀、后缀可同时使用以表示各种类型的数，如0XA5Lu表示十六进制无符号长整数A5，其十进制为165。

2）实型常量的表示方法

实型也称为浮点型。实型常量也称为实数或者浮点数。在C语言中，实数只采用十进制。它有二种形式：十进制小数形式、指数形式。

（1）十进制数形式：由数码0～9和小数点组成。

例如：0.0、25.0、5.789、0.13、5.0、300.0、−267.8230等均为合法的实数。注意，必须有小数点。

（2）指数形式：由十进制数、加阶码标志"e"或"E"，以及阶码（只能为整数，可以带符号）组成。

其一般形式为：a E n（a 为十进制数，n 为十进制整数），其值为 $a*10^n$。

例如：2.1E5（等于 $2.1*10^5$）、3.7E-2（等于 $3.7*10^{-2}$）、0.5E7（等于 $0.5*10^7$）、 $-2.8E-2$（等于 $-2.8*10^{-2}$）。

以下不是合法的实数：345（无小数点）、E7（阶码标志 E 之前无数字）、-5（无阶码标志）、53. $-$ E3（负号位置不对）、2.7E（无阶码）。

标准 C 语言允许浮点数使用后缀，后缀为 "f" 或 "F" 即表示该数为浮点数。如 356.f 和 356. 是等价的。

◉ 【例 2.1】 实型常数表示举例。

```
main()
{
 printf("%f\n",356.);
 printf("%f\n",356f);
}
```

运行结果：

356.000000
356.000000

3）字符常量的表示方法

（1）普通字符

普通字符常量是用单引号括起来的一个字符。例如：'a'、'b'、'＝'、'＋'、'?' 都是合法字符常量。

在 C 语言中，普通字符常量有以下特点：

① 字符常量只能用单引号括起来，不能用双引号或其他括号。

② 字符常量只能是单个字符，不能是字符串。

③ 字符可以是字符集中任意字符，但数字被定义为字符型之后就不能参与数值运算。如 '5' 和 5 是不同的，'5' 是字符常量。

（2）转义字符

转义字符是一种特殊的字符常量。转义字符以反斜线为 "＼" 开头，后跟一个或几个字符。转义字符具有特定的含义，不同于字符原有的意义，故称为 "转义" 字符。例如，在前面各例题 printf 函数的格式串中用到的 "＼n" 就是一个转义字符，其意义是 "回车换行"。转义字符主要用来表示那些用一般字符不便于表示的控制代码。常用转义字符及其含义见表 2.1。

表 2.1　常用的转义字符及其含义

转义字符	转义字符的含义	ASCII 代码
\n	回车换行	10
\t	横向跳到下一制表位置	9
\b	退格	8
\r	回车	13

转义字符	转义字符的含义	ASCII 代码
\f	走纸换页	12
\\	反斜线符"\"	92
\'	单引号符	39
\"	双引号符	34
\a	鸣铃	7
\ddd	1~3 位八进制数所代表的字符	
\xhh	1~2 位十六进制数所代表的字符	

广义地讲，C 语言字符集中的任何一个字符均可用转义字符来表示。表 2.1 中的 \ ddd 和 \ xhh 正是为此而提出的。ddd 和 hh 分别为八进制和十六进制的 ASCII 代码。如 \ 101 表示字母"A"，\ 102 表示字母"B"，\ 134 表示反斜线，\ XOA 表示换行等。

◉【例 2.2】 转义字符的使用。

```
main()
{
    int a,b,c;
    a=5；b=6；c=7；
    printf("  ab   c\tde\rf\n");
    printf("hijk\tL\bM\n");
}
```

运行结果：

f ab   c de

hijk   M

4）字符串常量的表示方法

字符串常量是由一对双引号括起的字符序列。例如："CHINA""C program""$ 12.5"等都是合法的字符串常量。

字符串常量和字符常量是不同的量。它们之间主要有以下区别：

（1）字符常量由单引号括起来，字符串常量由双引号括起来。

（2）字符常量只能是单个字符，字符串常量则可以含一个或多个字符。

（3）可以把一个字符常量赋予一个字符变量，但不能把一个字符串常量赋予一个字符变量。在 C 语言中没有相应的字符串变量，这是与 BASIC 语言不同的，但是可以用一个字符数组来存放一个字符串常量。对此在数组一章内予以介绍。

（4）字符常量占一个字节的内存空间。字符串常量占的内存字节数等于字符串中字节数加 1。增加的一个字节中存放字符" \ 0"（ASCII 码为 0）。这是字符串结束的标志。

例如：字符串"C program"在内存中所占字节为：

C		p	r	o	g	r	a	m	\0

字符常量'a'和字符串常量"a"虽然都只有一个字符，但在内存中的情况是不同的。

'a' 在内存中占 1 个字节，可表示为：a。

"a" 在内存中占 2 个字节，可表示为：a \ 0。

5）符号常量的表示方法

在 C 语言中，可以用一个标识符来表示一个常量，称之为符号常量。

符号常量在使用之前必须先定义，其一般形式为："#define 标识符 常量"。

其中 "#define" 也是一条预处理命令（预处理命令都以 "#" 开头），称为宏定义命令（在后面预处理程序中将进一步介绍），其功能是把该标识符定义为其后的常量值。一经定义以后，在程序中所有出现该标识符的地方均变为该常量值。

习惯上符号常量的标识符用大写字母，变量标识符用小写字母，以示区别。

【例 2.3】 符号常量的使用举例。

```
#define PRICE 30
main ()
{
    int num, total;
    num=10;
    total=num * PRICE;
    printf ("total=%d", total);
}
```

符号常量与变量不同，它的值在其作用域内不能改变，也不能再被赋值。使用符号常量的好处是：含义表达清楚；能做到"一改全改"。

2.2.2 变量

其值可以改变的量称为变量。一个变量应该有一个名字，在内存中占据一定的存储单元。变量定义必须放在变量使用之前，一般放在函数体的开头部分，还要区分变量名和变量值是两个不同的概念。

1）标示符

在计算机高级语言中，用来对变量、符号常量名、函数、数组、类型等命名的有效字符序列统称为标示符（identifier）。简单地说，标示符就是一个对象的名字。

C 语言规定标示符的定义须符合以下 4 点要求：

（1）只能由字母、数字和下划线 3 种字符组成。

（2）第一个字符必须是字母或者下划线。

（3）区分大小写，因为大写字母和小写字母在 C 语言中是两个不同的字符。

（4）不能是关键字。

2）整型变量

（1）整型数据在内存中的存放形式

如果定义了一个整型变量 i，如：

short i;

i＝10；

假设 i 的值在内存中占 2 个字节，则内容为：

0	0	0	0	0	0	0	0	0	0	0	0	1	0	1	0

其实，数值在内存中是以补码形式表示的，规定如下：

正数的补码和原码相同；

负数的补码是将该数的绝对值的二进制形式按位取反再加 1。

例如：求－10 的补码。

10 的原码为：

0	0	0	0	0	0	0	0	0	0	0	0	1	0	1	0

取反为：

1	1	1	1	1	1	1	1	1	1	1	1	0	1	0	1

再加 1，得－10 的补码：

1	1	1	1	1	1	1	1	1	1	1	1	0	1	1	0

由此可知，左面的第一位是表示符号的，"1"为负数，"0"为正数。

（2）整型变量的分类

① 基本型：类型说明符为 int，在内存中占 4 个字节。

② 短整型：类型说明符为 short int 或 short，在内存中占 2 个字节。

③ 长整型：类型说明符为 long int 或 long，在内存中占 4 个字节。

④ 无符号型：类型说明符为 unsigned。

无符号型又可与前面三种类型匹配而构成以下类型：

无符号基本型：类型说明符为 unsigned int 或 unsigned。

无符号短整型：类型说明符为 unsigned short [int]。

无符号长整型：类型说明符为 unsigned long [int]。

各种无符号类型量所占的内存空间字节数与相应的有符号类型量相同，但由于省去了符号位，故不能表示负数。

例如，2 个字节的有符号整型变量：最大表示 32767。

0	1	1	1	1	1	1	1	1	1	1	1	1	1	1	1

2 个字节的无符号整型变量：最大表示 65535。

1	1	1	1	1	1	1	1	1	1	1	1	1	1	1	1

表 2.2 列出了 C 语言中各类整型量所分配的内存字节数及数值的表示范围。

表 2.2　整型量内存字节数及数值范围

类型说明符	数值的范围	字节数
short [int]	$-32768\sim32767$，即 $-2^{15}\sim(2^{15}-1)$	2
unsigned short [int]	$0\sim65535$，即 $0\sim(2^{16}-1)$	2
int	$-2147483648\sim2147483647$，即 $-2^{31}\sim(2^{31}-1)$	4
unsigned int	$0\sim4294967295$，即 $0\sim(2^{32}-1)$	4

类型说明符	数值的范围	字节数
long [int]	$-2147483648 \sim 2147483647$，即 $-2^{31} \sim (2^{31}-1)$	4
unsigned long [int]	$0 \sim 4294967295$，即 $0 \sim (2^{32}-1)$	4

（3）整型变量的定义

变量定义的一般形式为："类型说明符　变量名标识符，变量名标识符，…；"。

例如：

int a，b，c；（a、b、c 为整型变量）

long x，y；（x、y 为长整型变量）

unsigned p，q；（p、q 为无符号整型变量）

在书写变量定义时，应注意以下几点：

① 允许在一个类型说明符后，定义多个相同类型的变量。各变量名之间用逗号间隔，类型说明符与变量名之间至少用一个空格间隔。

② 最后一个变量名之后必须以";"号结尾。

③ 变量定义必须放在变量使用之前。一般放在函数体的开头部分。

◗ 【例 2.4】 整型变量的定义与使用。

```
main()
{
    int a,b,c,d;
    unsigned u;
    a=12;b=-24;u=10;
    c=a+u;d=b+u;
    printf("a+u=%d,b+u=%d\n",c,d);
}
```

运行结果：

a+u=22,b+u=-14

（4）整型数据的溢出

如果整型数据的值不在规定的范围内，就会造成数据溢出。

◗ 【例 2.5】 整型数据的溢出。

```
main ()
{
    short a, b;
    a=32767;
    b=a+1;
    printf ("%d,%d \ n", a, b);
}
```

运行结果：

32767，-32768

分析：a 的值是 32767，表示为：

0	1	1	1	1	1	1	1	1	1	1	1	1	1	1	1

b 的值是 a 加上 1 表示如下，即为－32768，而不是 32768，表示为：

1	0	0	0	0	0	0	0	0	0	0	0	0	0	0	0

【例 2.6】 分析变量数据类型。

```
main()
{
    long x,y;
    int a,b,c,d;
    x=5;
    y=6;
    a=7;
    b=8;
    c=x+a;
    d=y+b;
    printf("c=x+a=%d,d=y+b=%d\n",c,d);
}
```

从程序中可以看到：x、y 是长整型变量，a、b 是基本整型变量。它们之间允许进行运算，运算结果为长整型。但 c、d 被定义为基本整型，因此最后结果为基本整型。本例说明，不同类型的量可以参与运算并相互赋值，其中的类型转换是由编译系统自动完成的。有关类型转换的规则将在以后章节中介绍。

3）实型变量

（1）实型数据在内存中的存放形式

实型数据一般占 4 个字节（32 位）内存空间，按指数形式存储。例如，实数 3.14159 在内存中的存放形式如下：

＋	.314159	1
数符	小数部分	指数

小数部分占的位（bit）数越多，数的有效数字越多，精度越高。

指数部分占的位数越多，则能表示的数值范围越大。

（2）实型变量的分类

实型变量分为：单精度（float 型）、双精度（double 型）和长双精度（long double 型）三类。

在 C 语言中，单精度型占 4 个字节内存空间，其数值范围为 3.4E－38～3.4E＋38，只能提供七位有效数字；双精度型占 8 个字节内存空间，其数值范围为 1.7E－308～1.7E＋308，可提供 16 位有效数字；长双精度型占 16 个字节内存空间，其数值范围更大，有效数字位数也更多，在此不做介绍。

实型变量定义的格式和书写规则与整型相同。

例如：

　　float x,y；（x、y 为单精度实型量）

　　double a,b,c；（a、b、c 为双精度实型量）

（3）实型数据的舍入误差

由于实型变量是由有限的存储单元组成的，因此能提供的有效数字总是有限的。举例如下。

◎【例 2.7】 单精度实型数据的舍入误差。

```
main ()
{
    float a, b;
  a=123456.789e5;
  b=a+20;
    printf ("%f\n", a);
    printf ("%f\n", b);
}
```

运行结果：

12345678848.000000

12345678848.000000

◎【例 2.8】 单、双精度实型数据的舍入误差。

```
main ()
{
    float a;
    double b;
    a=33333.33333;
    b=33333.33333333333333;
    printf ("%f\n%f\n", a, b);
}
```

运行结果：

33333.332031

33333.333333

从本例可以看出，由于 a 是单精度浮点型，有效位数只有七位，而整数已占五位，故小数点后两位数字之后的均为无效数字。

b 是双精度型，有效位为十六位，但 C 语言规定小数点后最多保留六位，其余部分四舍五入。

4）字符变量

（1）字符变量的定义

字符变量的类型说明符是 char。字符变量类型定义的格式和书写规则都与整型变量相同。例如：char a, b;

（2）字符数据在内存中的存储形式及使用方法

每个字符变量都被分配一个字节的内存空间，因此只能存放一个字符。字符值是以 ASCII 码的形式存放在变量的内存单元之中的。

例如：x 的十进制 ASCII 码是 120，y 的十进制 ASCII 码是 121。对字符变量 a、b 赋予 'x' 和 'y' 值，其语句为"char a，b；a='x'；b='y'；"，实际上是在 a、b 两个单元内存放 120 和 121 的二进制码。

所以，也可以把字符变量看成是整型量。C 语言允许对整型变量赋以字符值，也允许对字符变量赋以整型值（0~255），例如：char a，b；a=120；b=121；

在输出时，允许把字符变量按整型量输出，也允许把整型量按字符量输出。

整型量为二字节量，字符量为单字节量，当整型量按字符型量处理时，只有低八位字节参与处理。

【例 2.9】 向字符变量赋以整数。

```
main ()
{
    char a, b;
    a=120;
    b=121;
    printf ("%c,%c \ n", a, b);
    printf ("%d,%d \ n", a, b);
}
```

运行结果：

```
x，y
120，121
```

本程序中定义 a、b 为字符型，但在赋值语句中赋以整型值。从结果看，a、b 值的输出形式，取决于 printf 函数格式串中的格式符，当格式符为"c"时，对应输出的变量值为字符；当格式符为"d"时，对应输出的变量值为整数。

【例 2.10】 大小写字母转换。

```
main ()
{
    char a, b;
    a='a';
    b='b';
    a=a-32;
    b=b-32;
    printf ("%c,%c \ n%d,%d \ n", a, b, a, b);
}
```

运行结果：

```
A，B
65，66
```

本例中 a、b 被说明为字符变量并赋予字符值，C 语言允许字符变量参与数值运算，即用字符的 ASCII 码参与运算。由于大小写字母的 ASCII 码相差 32，因此运算后把小写字母换成大写字母，然后分别以整型和字符型输出。

5）变量赋初值

在程序设计中常常需要对变量赋初值，以便使用变量。在 C 语言程序中，可以有多种方法为变量提供初值。下面举例介绍在对变量定义的同时给变量赋以初值的方法，这种方法称为初始化。在变量定义中赋初值的一般形式为：

类型说明符 变量1= 值1，变量2= 值2，……；

例如：

int a＝3；

int b，c＝5；

float x＝3.2，y＝3f，z＝0.75；

char ch1＝'K'，ch2＝'P'；

应注意，在定义中不允许连续赋值，如 a＝b＝c＝5 是不合法的。

【例 2.11】 变量赋初值。

```
main ()
{
    int a=3, b, c=5;
    b=a+c;
    printf ("a=%d, b=%d, c=%d \ n", a, b, c);
}
```

本章小结

高级语言与低级语言的区别之一，是高级语言有丰富的数据类型，计算机根据不同的数据类型分配一定的内存空间用于存储数据。本章介绍了 C 语言的整型、浮点型、字符型等基本数据类型，常量与变量的概念、语法要求等，应特别注意，常量、变量的数据类型是有所区别的。

巩固练习

【题目】

1. 在 C 程序中，数据以哪两种代码形式存放？

2. 什么是常量？什么是变量？

3. 什么是符号常量？使用符号常量有哪些好处？

4. 符号常量与变量的区别是什么？

5. 整型常量有哪三种表示形式？

6. 什么是标示符？其定义规则是什么？

7. 字符型数据的存储形式是什么？占用的字节数是多少？

8. 区分类型与变量的关系。

9. 编写程序，输出字母 A 和它的 ASCII 码值。

10. 编写程序，将一个大写字母 A，转换成小写字母 a 并输出。

11. 下列数据中属于"字符串常量"的是（　　　）。

A. ABC

B. ″ABC″

C. ′ABC′

D. ′A′

12. 以下标示符中，不能作为合法的 C 用户定义标示符的是（　　　）。

A. answer

B. to

C. signed

D. _ if

【参考答案】

1. 二进制和 ASCII。

2. 在程序运行过程中，其值不能被改变的量称为常量。在程序运行期间，其值可以改变的量称为变量。

3. 用♯define 指令，指定用一个符号名称代表一个常量，称为符号常量。使用符号常量有以下好处：

（1）含义清楚。在定义符号常量名时应考虑"见名知意"。在一个规范的程序中不提倡使用很多的常数，在检查程序时搞不清各个常数究竟代表什么，应尽量使用"见名知意"的变量名和符号常量。

（2）在需要改变程序中多处用到的同一个常量时，能做到"一改全改"。例如在程序中多处用到某物品的价格，如果价格用常数"30"表示，则在价格调整为"40"时，就需要在程序中作多处修改，若用符号常量 PRICE 代表价格，只需改动一处即可。

4. 符号常量不占内存，只是一个临时符号，在预编译后这个符号就不存在了，故不能对符号常量赋以新值。

5. 十进制、八进制、十六进制。

6. 标示符是一个对象的名字。C 语言规定标示符只能由字母、数字和下划线 3 种字符组成，且第一个字符必须为字母或下划线；不能使用关键字，区分大小写字母。

7. 字符型数据在存储时，系统将字符的 ASCII 值的二进制数存储在内存中。一个字符占一个字节。

8. 类型和变量是既有联系又有区别的两个概念，每一个变量都属于一个确定的类型，类型是变量的一个重要的属性。变量是占用存储单元的，是具体存在的实体，在其占用的存储单元中可以存放数据，而类型是变量的共性，是抽象的，不占用存储单元，不能用来存放数据。

9.

```
♯include〈stdio. h〉
void main()
```

```
{
    char c='A';
    printf("%c,%d",c,c);
}
```
10.
```
#include <stdio.h>
int main()
{
    char c1,c2;
    c1='A';
    c2=c1+32;
    printf("%c\n",c2);
    return 0;
}
```
11. 答案 B
12. 答案 C

第3章

格式化输入/输出

3.1　printf 函数（格式输出函数）

printf 函数称为格式输出函数，其关键字最末一个字母 f 即为"格式"（format）之意。其功能是按用户指定的格式，把指定的数据显示到显示器屏幕上。在前面的例题中我们已多次使用过这个函数。

1）printf 函数调用的一般形式

printf 函数是一个标准库函数，它的函数原型在头文件"stdio.h"中，但作为一个特例，不要求在使用 printf 函数之前必须包含 stdio.h 文件。

printf 函数调用的一般形式为：

　　　printf（"格式控制字符串"，输出表列）

其中格式控制字符串用于指定输出格式。格式控制字符串可由格式字符串和非格式字符串两种组成。格式字符串是以％开头的字符串，在％后面跟有各种格式字符，以说明输出数据的类型、形式、长度、小数位数等，如：

"％d"表示按十进制整型输出；

"％ld"表示按十进制长整型输出；

"％c"表示按字符型输出，等等。

格式控制字符串将在后面详细讲解。

非格式字符串在输出时原样照印，在显示中起提示作用。

输出表列中给出了各个输出项，要求格式字符串和各输出项在数量和类型上应该一一对应。

◎【例3.1】　printf 函数的使用。

```
main()
{
```

```
    int a＝88,b＝89;
    printf("%d %d\n",a,b);
    printf("%d,%d\n",a,b);
    printf("%c,%c\n",a,b);
    printf("a＝%d,b＝%d\n ",a,b);
}
```
运行结果：

88 89

88,89

X,Y

a＝88,b＝89

本例中四次输出了 a、b 的值，但由于格式控制字符串不同，输出的结果也不相同。第四行的输出语句格式控制字符串中，两格式字符串%d 之间加了一个空格（非格式字符），所以输出的 a、b 值之间有一个空格。第五行的 printf 语句格式控制字符串中加入的是非格式字符逗号，因此输出的 a、b 值之间加了一个逗号。第六行的格式字符串要求按字符型输出 a、b 值。第七行中为了提示输出结果又增加了非格式字符串。

2）格式字符串

格式字符串的一般形式为：

%[标志][输出最小宽度][. 精度][长度]类型

其中方括号 [] 中的项为可选项。

各项的意义介绍如下。

(1) 类型：类型字符用以表示输出数据的类型，类型字符和意义如表 3.1 所示。

表 3.1　类型字符及意义

类型字符	意　　义
d	以十进制形式输出带符号整数(正数不输出符号)
o	以八进制形式输出无符号整数(不输出前缀 0)
x,X	以十六进制形式输出无符号整数(不输出前缀 0x)
u	以十进制形式输出无符号整数
f	以小数形式输出单、双精度实数
e,E	以指数形式输出单、双精度实数
g,G	以%f 或%e 中较短的输出宽度输出单、双精度实数
c	输出单个字符
s	输出字符串

(2) 标志：标志字符为－、＋、♯、空格四种，其意义如表 3.2 所示。

(3) 输出最小宽度：用十进制整数来表示输出的最少位数。若实际位数多于定义的宽度，则按实际位数输出，若实际位数少于定义的宽度，则补以空格或 0。

(4) 精度：精度格式符以 "." 开头，后跟十进制整数。本项的意义是：如果输出数字，则表示小数的位数；如果输出的是字符，则表示输出字符的个数；若实际位数大于所定义的精度数，则截去超过的部分。

表 3.2　标志字符及意义

标志字符	意　　义
—	结果左对齐,右边填空格
＋	输出符号(正号或负号)
空格	输出值为正时冠以空格,为负时冠以负号
＃	对 c,s,d,u 类无影响;对 o 类,在输出时加前缀 o;对 x 类,在输出时加前缀 0x;对 e,g,f 类当结果有小数时才给出小数点

（5）长度：长度格式符为 h、l 两种，h 表示按短整型量输出，l 表示按长整型量输出。

◎ 【例 3.2】　格式字符串的使用。

```
main()
{
    int a=15;
    float b=123.1234567;
    double c=12345678.1234567;
    char d='p';
    printf("a=%d,%5d,%o,%x\n",a,a,a,a);
    printf("b=%f,%lf,%5.4lf,%e\n",b,b,b,b);
    printf("c=%lf,%f,%8.4lf\n",c,c,c);
    printf("d=%c,%8c\n",d,d);
}
```

运行结果：

a=15,　　15,17,f
b=123.123459,123.123459,123.1235,1.231235e＋002
c=12345678.123457,12345678.123457,12345678.1235
d=p,　　　　　　　　p

　　本例第七行中以四种格式输出整型变量 a 的值，其中"%5d"要求输出宽度为 5，而 a 值为 15 只有两位，因此补三个空格。第八行中以四种格式输出实型量 b 的值，其中"%f"和"%lf"格式的输出相同，说明"l"符对"f"类型无影响。"%5.4lf"指定输出宽度为 5，精度为 4，由于实际长度超过 5，所以应该按实际位数输出，小数位数超过 4 位部分被截去。第九行输出双精度实数，"%8.4lf"由于指定精度为 4 位，所以截去了超过 4 位的部分。第十行输出字符量 d，其中"%8c"指定输出宽度为 8，所以在输出字符 p 之前补加 7 个空格。

3.2　scanf 函数（格式输入函数）

　　scanf 函数称为格式输入函数，即按用户指定的格式从键盘上把数据输入到指定的变量之中。

1）scanf 函数的一般形式

scanf 函数是一个标准库函数，它的函数原型在头文件"stdio.h"中，与 printf 函数相同，C 语言也允许在使用 scanf 函数之前不必包含 stdio.h 文件。

scanf 函数的一般形式为：

scanf（"格式控制字符串"，地址表列）

其中，格式控制字符串的作用与 printf 函数相同，但不能显示非格式字符串，也就是不能显示提示字符串。地址表列中给出了各变量的地址，地址是由地址运算符"&"后跟变量名组成的。

例如：int a，b；scanf（"%d %d \ n"，&a，&b）；

其中 &a，&b 分别表示变量 a 和变量 b 的地址。这个地址就是编译系统在内存中给 a、b 变量分配的地址。在 C 语言中，使用了地址这个概念，这是与其他语言不同的。应该把变量的值和变量的地址这两个不同的概念区别开来。变量的地址是 C 编译系统分配的，用户不必关心具体的地址是多少。

例如：a=567，a 为变量名，567 是变量的值，而 &a 是变量 a 的地址。在赋值号左边是变量名，不能写地址，而 scanf 函数在本质上也是给变量赋值，但要求写变量的地址，如 &a。这两者在形式上是不同的。& 是一个取地址运算符，&a 是一个表达式，其功能是求变量的地址。

【例 3.3】 scanf 函数的使用。

```
main()
{
    int a,b,c;
    printf("input a,b,c\n");
    scanf("%d%d%d",&a,&b,&c);
    printf("a=%d,b=%d,c=%d",a,b,c);
}
```

在本例中，由于 scanf 函数本身不能显示提示串，故先用 printf 语句在屏幕上输出提示，请用户输入 a、b、c 的值。执行 scanf 语句，则退出屏幕进入用户屏幕等待用户输入。用户输入"7 8 9"后按下回车键，此时，系统又将返回屏幕。在 scanf 语句的格式串中由于没有非格式字符在"%d%d%d"之间作为输入时的间隔，因此在输入时要用一个以上的空格或回车键作为每两个输入数之间的间隔。如：

7 8 9

或：

7

8

9

2）格式字符串

格式字符串的一般形式为：

%[*][输入数据宽度][长度]类型

其中有方括号［］的项为任选项。各项的意义介绍如下。

（1）类型：表示输入数据的类型，类型格式符和意义如表 3.3 所示。

表 3.3　类型格式符和意义

类型格式符	意　义
d	输入十进制整数
o	输入八进制整数
x	输入十六进制整数
u	输入无符号十进制整数
f 或 e	输入实型数（用小数形式或指数形式）
c	输入单个字符
s	输入字符串

（2）"＊" 符：用以表示该输入项读入后不赋予相应的变量，即跳过该输入值。

例如：scanf("%d % ＊ d %d",&a,&b);

当输入为："1　2　3"时，把 1 赋予 a，2 被跳过，3 赋予 b。

（3）输入数据宽度：用十进制整数指定输入数据的宽度（即字符数）。

例如：scanf("%5d",&a);

输入：12345678

只把 12345 赋予变量 a，其余部分被截去。

又如：scanf ("%4d%4d", &a, &b);

输入：12345678

将把 1234 赋予 a，而把 5678 赋予 b。

（4）长度：长度格式符为 l 和 h，l 表示输入长整型数据（如%ld）和双精度浮点数（如%lf），h 表示输入短整型数据。

另外，使用 scanf 函数还必须注意以下几点：

（1）scanf 函数中没有精度控制，如："scanf ("%5.2f", &a);" 是非法的。不能企图用此语句输入小数为 2 位的实数。

（2）scanf 中要求给出变量地址，若给出变量名则会出错。如 "scanf ("%d", a);" 是非法的，应改为 "scnaf ("%d", &a);" 才是合法的。

（3）在输入多个数值数据时，若格式控制串中没有非格式字符作为输入数据之间的间隔，则可用空格，TAB 或回车作为间隔。C 编译在碰到空格、TAB、回车或非法数据（如对 "%d" 输入 "12A" 时，A 即为非法数据）时即认为该数据结束。

（4）在输入字符数据时，若格式控制串中没有非格式字符，则认为所有输入的字符均为有效字符。

例如：scanf("%c%c%c",&a,&b,&c);

输入为："d　e　f"，则把"d"赋予 a，"e"赋给 b，"f"赋给 c。只有当输入为："def"时，才能把"d"赋予 a，"e"赋予 b，"f"赋予 c。如果在格式控制中加入空格作为间隔，如："scanf ("%c %c %c", &a, &b, &c);"，则输入时各数据之间可加空格。

【例 3.4】 格式字符串的使用。

```
main()
{
  char a,b;
  printf("input character a,b\n");
  scanf("%c%c",&a,&b);
  printf("%c%c\n",a,b);
}
```

由于 scanf 函数 "%c%c" 中没有空格，若输入 "M N"，则输出结果只有 M；而输入改为 "MN"，时，则可输出 MN 两字符。

【例 3.5】 格式字符串的使用。

```
main()
{
    char a,b;
    printf("input character a,b\n");
    scanf("%c %c",&a,&b);
    printf("\n%c%c\n",a,b);
}
```

本例表示 scanf 格式控制字符串"%c %c"之间有空格时，输入的数据之间可以有空格间隔。

（1）如果格式控制字符串中有非格式字符，则输入时也要输入该非格式字符。

例如：scanf（"%d,%d,%d"，&a, &b, &c);

其中用非格式符 ","作间隔符，故输入时应为："5，6，7"。

又如："scanf（"a=%d, b=%d, c=%d"，&a, &b, &c);"，则输入应为："a=5，b=6，c=7"。

（2）当输入的数据与输出的类型不一致时，虽然编译能够通过，但结果可能不正确。

【例 3.6】 格式字符串的使用。

```
main()
{
    int a;
    printf("input a number\n");
    scanf("%d",&a);
    printf("%ld",a);
}
```

由于输入数据类型为整型，而输出语句的格式串中说明为长整型，因此输出结果和输入数据不符。例如程序如下：

```
main()
{
    long a;
```

```
        printf("input a long integer\n");
        scanf("%ld",&a);
        printf("%ld",a);
    }
```

运行结果为：

input a long integer

1234567890

1234567890

当输入数据改为长整型后，输入输出数据相等。

◑ 【例 3.7】 输入三个小写字母，输出其 ASCII 码和对应的大写字母。

```
    main()
    {
        char a,b,c;
        printf("input character a,b,c\n");
        scanf("%c%c%c",&a,&b,&c);
        printf("%d,%d,%d\n%c,%c,%c\n",a,b,c,a-32,b-32,c-32);
    }
```

运行结果：

输入 xtz↙

120,116,122

X,T,Z

◑ 【例 3.8】 输出各种数据类型的字节长度。

```
    main()
    {
        int a;
        long b;
        float f;
        double d;
        char c;
        printf("\nint:%d\nlong:%d\nfloat:%d\ndouble:%d\nchar:%d\n",sizeof(a),
    sizeof(b),sizeof(f),sizeof(d),sizeof(c));
    }
```

运行结果：

int:4

long:4

float:4

double:8

char:1

3.3 字符数据的输入/输出函数

除了可以用 printf 函数和 scanf 函数输出和输入字符外，C 函数库提供了一些专门用于输入和输出字符的函数，如 putchar 和 getchar 函数。

1）putchar 函数

想要从计算机向显示器输出一个字符，可以调用 putchar 函数，其一般形式为：

putchar(c)

其作用是向屏幕上输出一个字符，其中 c 可以是字符常量或者字符型变量，如果是字符变量，则输出的是变量的值。

◎【例 3.9】 先后输出 BOY 三个字符。

```
#include〈stdio.h〉
void main()
{
    char a='B',b='O',c='Y';
    putchar(a);
    putchar(b);
    putchar(c);
    putchar ('\n');
}
```

运行结果：

BOY

该程序中三次调用 putchar 函数，连续输出三个变量的值，也就是 B、O、Y 三个字符。最后一次调用 putchar 的作用是换行，使当前的光标移动到下一行的开头。前面已经介绍过字符型数据的 ASCII 码值是 0～255 的整数，因此对字符型变量的赋值还可以用下面这段程序，结果是一样的。

```
#include〈stdio.h〉
void main()
{
    char a=66,b=79,c=89;
    putchar(a);
    putchar(b);
    putchar(c);
    putchar ('\n');
}
```

显然，整数 66 是字符 B 的 ASCII 码值，赋值给字符型变量 a，假如 a 的值表示一个字符，就是 B，O、Y 字符同理。该程序中的 putchar (a) 也可以用 putchar (66) 输出字符 B。

2）getchar 函数

要向计算机输入一个字符，可以调用 getchar 函数，其一般形式为：

getchar()

其作用是向计算机输入一个字符，可以将获得的字符赋给字符变量，如"char a；a＝getchar（）；"。该函数没有参数，小括号空着但不能省略。同 putchar 类似，getchar 函数只能输入一个字符，如果想要输入多个字符，可以调用多次 getchar 函数。

◈ **【例 3. 10】** 从键盘输入 BOY 三个字符，然后把它们输出到屏幕。

```c
#include<stdio.h>
void main()
{
    char a,b,c;
    a=getchar();
    b=getchar();
    c=getchar();
    putchar(a);
    putchar(b);
    putchar(c);
    putchar('\n');
}
```

键盘输入：

BOY↙

运行结果：

BOY

一个 getchar 获得一个字符，在键盘输入 B、O、Y 三个字符时，一定要连续输入再回车表示输入结束，其间不能输入任何字符间隔符，因为空格、回车等也属于字符，会错误地赋值给变量而引起结果不正确。通过 getchar 函数获得字符后，可以赋值给变量，也可以不赋值，例如可以将［例 3.10］写成如下程序：

```c
#include<stdio.h>
void main()
{
    putchar(getchar());
    putchar(getchar());
    putchar(getchar());
    putchar('\n');
}
```

putchar 的参数可以是常量、变量等任何合法的字符数据形式，getchar（）获得了一个字符作为 putchar 的参数，就可以通过 putchar 的功能输出到屏幕，而且这种写法不需要将字符赋给变量，变量的定义语句就可以不写了。

本章小结

本章讲解的输入/输出的主体是针对计算机而言的,向计算机中录入数据的过程称为输入,从计算机中向外部设备展示数据的过程称为输出。一个程序可以没有输入,但是必须要有输出,没有输出的程序是没有意义的。因此,本章介绍程序中最常使用的两条语句:格式化输出、输入语句。计算机的输出、输入有多种方法,本章重点介绍了printf、scanf 函数两种方法,在后续章节中还会介绍其他方法。

巩固练习

【题目】

1. 编写程序,在屏幕上输出:

this is a c program \

2. 编写程序,输入两个整数,输出整数的和。

3. 分别使用 printf、scanf 函数和 putchar、getchar 函数,从键盘输入 ADD,并按原样输出。

4. 编写程序,读入三个双精度数,四舍五入保留小数点后两位,并且输出这样格式的三个数。

5. 分析下面的程序:

```c
#include<stdio.h>
void main()
{
    char c1,c2;
    c1=97;
    c2=98;
    printf("c1=%c,c2=%c\n",c1,c2);
    printf("c1=%d,c2=%d\n",c1,c2);
}
```

(1) 运行时会输出什么信息?为什么?

(2) 如果将程序第 4、5 行改为:

c1=197;

c2=198;

运行时会输出什么信息?为什么?

(3) 如果将程序第 3 行改为:

int c1, c2;

运行时会输出什么信息?为什么?

6. 用下面的 scanf 函数输入数据,使 a=3,b=7,x=8,y=71.82,c1='A',c2='a',问:在键盘上如何输入?

```c
#include<stdio.h>
```

```
void main()
{
    int a,b;
    float x,y;
    char c1,c2;
    scanf("a=%db=%d",&a,&b);
    scanf("%f%e",&a,&y);
    scanf("%c%c",&c1,&c2);
}
```

7. 若变量已正确定义，执行语句 scanf ("%d,%d,%d", &k1, &k2, &k3); 时，则（　　）是正确的输入。

A. 2030，40

B. 20 30 40

C. 20，30 40

D. 20，30，40

8. 已知字符′A′的 ASCⅡ代码值是 65，字符变量 c1 的值是′A′，c2 的值是′D′. 执行语句 printf ("%d,%d", c1，c2-2); 后，输出结果是（　　）。

A. A，B

B. A，68

C. 65，66

D. 65，68

9. 编写程序，用 getchar 函数读入两个字符给 c1 和 c2，然后分别用 putchar 函数和 printf 函数输出这两个字符。请回答以下问题：

（1）变量 c1 和 c2 应定义为字符型，还是整型？或二者皆可？

（2）要求输出 c1 和 c2 值的 ASCII 码，应如何处理？用 putchar 函数，还是 printf 函数？

（3）整型变量与字符变量是否在任何情况下都可以互相代替？如：

char c1，c2；

与

int c1，c2；

是否无条件地等价？

【参考答案】

1.

```
. #include<stdio. h>
void main()
{
    printf("this is a c program\\");
}
```

2.

```
#include<stdio. h>
void main()
```

```
{
    int a,b,sum;
    scanf("%d%d",&a,&b);
    sum=a+b;
    printf("a 与 b 的和是%d",sum);
}
```

3.
```
#include<stdio. h>
int main()
{
    char a,b,c;
    scanf("%c%c%c",&a,&b,&c);
    printf("%c%c%c\n",a,b,c);
    return 0;
}
```
或
```
#include<stdio. h>
int main()
{
    putchar(getchar());
    putchar(getchar());
    putchar(getchar());
    putchar('\n');
    return 0;
}
```

4.
```
#include<stdio. h>
int main()
{
    double a,b,c,ave;
    printf("Enter a,b,c:");
    scanf("%lf %lf %lf", &a,&b,&c);
    printf("a=%. 2lf,b=%. 2lf,c=%. 2lf\n",a,b,c);
    return 0;
}
```

5.
(1)c1=a,c2=b

   c1=97,c2=98

(2)c1=? c2=?

   c1=-59,c2=-58

（3）c1＝a，c2＝b

    c1＝97，c2＝98

6.

可以输入：

a＝3b＝7↙

8.5↙

71.82Aa↙

或

a＝3b＝7　8.5　71.82Aa

7. 答案 D

8. 答案 C

9.

```c
#include<stdio.h>
int main()
{
    char c1,c2;
    c1=getchar();
    c2=getchar();
    putchar(c1);
    putchar(c2);
    printf("%c%c",c1,c2);
    return 0;
}
```

（1）变量 c1 和 c2 可以定义成字符型，也可以定义成整型，都能实现题目要求的目标。如定义成整型：

```c
#include<stdio.h>
int main()
{
    int c1,c2;
    c1=getchar();
    c2=getchar();
    putchar(c1);
    putchar(c2);
    printf("%c%c",c1,c2);
    return 0;
}
```

键盘输入：

Aa↙

运行结果：

AaAa

（2）若要输出 c1 和 c2 的 ASCII 码，可以使用 printf 函数，例如：

```
#include<stdio.h>
int main()
{
    char c1,c2;
    c1=getchar();
    c2=getchar();
    printf("%d,%d",c1,c2);
    return 0;
}
```

（3）两种情况不是任何情况下都能互相替代的。因为字符型变量只能进行 0～255 整数的运算，如果想要进行大于 255 的整数的运算，则必须要用整型变量。

第 4 章 运算符和表达式

C 语言的运算符可分为以下几类。

（1）算术运算符：用于各类数值运算，包括加（＋）、减（－）、乘（＊）、除（/）、求余（或称模运算,％）、自增（＋＋）、自减（－－）共七种。

（2）关系运算符：用于比较运算，包括大于（＞）、小于（＜）、等于（＝＝）、大于等于（＞＝）、小于等于（＜＝）和不等于（！＝）六种。

（3）逻辑运算符：用于逻辑运算，包括与（＆＆）、或（｜｜）、非（！）三种。

（4）位操作运算符：参与运算的量，按二进制位进行运算，包括位与（＆）、位或（｜）、位非（～）、位异或（＾）、左移（＜＜）、右移（＞＞）六种。

（5）赋值运算符：用于赋值运算，分为简单赋值（＝）、复合算术赋值（＋＝，－＝，＊＝，/＝,％＝）和复合位运算赋值（＆＝，｜＝，＾＝，＞＞＝，＜＜＝）三类共十一种。

（6）条件运算符：这是一个三目运算符，用于条件求值（？:）。

（7）逗号运算符：用于把若干表达式组合成一个表达式（,）。

（8）指针运算符：用于取内容（＊）和取地址（＆）两种运算。

（9）求字节数运算符：用于计算数据类型所占的字节数（sizeof）。

（10）特殊运算符：有括号（）、下标［］、成员（→，.）等几种。

4.1 算术运算符及表达式

4.1.1 基本算术运算

1）运算法则及优先级结合性

（）：圆括号运算符为单目运算符，即先进行括号内的运算，具有右结合性。

＋：加法运算符为双目运算符，左结合性，即应有两个量参与加法运算，如 a＋b，4＋8 等。但"＋"也可用作正值运算符，此时为单目运算符，具有右结合性。

一：减法运算符为双目运算符，左结合性，但"一"也可作为负值运算符，此时为单目运算，如一x、一5等，具有右结合性。

＊：乘法运算符为双目运算符，具有左结合性。

／：整除运算符为双目运算符，具有左结合性。参与运算量均为整型时，结果也为整型，舍去小数。如果运算量中有一个是实型，则结果为实型。

％：求余运算符为双目运算符，具有左结合性。参与运算量必须为整型，结果取除法的余数部分。

优先级为：（）、＋（正运算）、一（负运算）最高；＊、／、％其次；＋（加法）、一（减法）最低。

◉【例4.1】 整数运算

```
main()
{
    printf("%d,%d\n",20/7,-20/7);
    printf("%f,%f\n",20.0/7,-20.0/7);
}
```

运行结果：

2,-2

2.857143,-2.857143

本例中，20/7、一20/7的结果均为整型，小数全部舍去；而20.0/7和一20.0/7，由于有实数参与运算，因此结果也为实型。

求余运算符（模运算符）"％"：双目运算，具有左结合性。要求参与运算的量均为整型。求余运算的结果等于两数相除后的余数。

◉【例4.2】 求余运算。

```
main()
{
    printf("%d\n",100%3);
}
```

本例输出 100 除以 3 所得的余数 1。

2）表达式和混合运算

表达式是由常量、变量、函数和运算符组合起来的式子。一个表达式有一个值及其类型，它们等于计算表达式所得结果的值和类型。表达式求值按运算符的优先级和结合性规定的顺序进行。单个的常量、变量、函数可以看作是表达式的特例。

（1）算术表达式。用算术运算符和运算对象（也称为操作数）连接起来的、符合C语法规则的式子。

以下是算术表达式的例子：

a＋b

(a＊2)/c

(x＋r)＊8一(a＋b)/7

++I

sin(x)+sin(y)

(++i)−(j++)+(k−−)

（2）＋、−、＊、/不同类型数据间的混合运算。低级别数据类型向高级别数据类型转换后参与运算，结果为高级别数据类型。数据类型级别由低向高为 char、int、float、double。例如：

① 字符型数据与整型数据进行运算，就是把字符的 ASCII 代码与整型数据进行运算。

② 如果 int 型与 float 或 double 型数据进行运算，先把 int 型数据转换为 float 型或 double 型，然后进行运算，结果是 float 型或 double 型。

③ float 型数据与 double 型数据进行运算，系统将 float 型数据先转换为 double 型，然后进行运算，结果是 double 型。

（3）不同运算符的混合运算。先计算优先级高的，后计算优先级低的；当有若干优先级相同的运算符时，考虑运算符的结合性，按照由右向左或由左向右的方向运算。

例如，表达式 9/2％（1＋3）四种运算符中，"（）"优先级最高，应先做括号内的加法运算，之后/和％的优先级一样，按照左结合性应先做整除再做求余运算。

4.1.2　自增自减运算

自增 1 运算符记为"＋＋"：其功能是使变量的值自增 1。

自减 1 运算符记为"−−"：其功能是使变量值自减 1。

自增 1，自减 1 运算符均为单目运算，都具有右结合性。

自增自减运算表达式可有以下几种形式，要区分变量的值和表达式的值。

＋＋i：i 自增 1 后，再作为表达式的值。

−−i：i 自减 1 后，再作为表达式的值。

i＋＋：i 的值先作为表达式的值，i 的值再自增 1。

i−−：i 的值先作为表达式的值，i 的值再自减 1。

在理解和使用上容易出错的是 i＋＋和 i−−，特别是当它们用在较复杂的表达式或语句中时，常常难于弄清，因此应仔细分析。

◎ 【例 4.3】　自增自减运算符运算。

```
main()
{
    int i＝8；
    printf("%d\n",++i)；
    printf("%d\n",−−i)；
    printf("%d\n",i++)；
    printf("%d\n",i−−)；
    printf("%d\n",−i++)；
    printf("%d\n",−i−−)；
}
```

运行结果：

9

8

8

9

－8

－9

在该程序中，i 的初值为 8，第 2 行 i 加 1 后输出的结果为 9；第 3 行减 1 后输出的结果为 8；第 4 行输出 i 为 8 之后再加 1（为 9）；第 5 行输出 i 为 9 之后再减 1（为 8）；第 6 行输出－8 之后再加 1（为 9），第 7 行输出－9 之后再减 1（为 8）。

◉【例 4.4】 自增自减运算变量的值与表达式的值区别。

```
main()
{
    int i=5,j=5,p,q;
    p=(i++)+(i++)+(i++);
    q=(++j)+(++j)+(++j);
    printf("%d,%d,%d,%d",p,q,i,j);
}
```

运行结果：

15,22,8,8

这个程序中，对 P=(i++)+(i++)+(i++) 应理解为三个 i 相加，因此 P 值为 15；然后 i 再自增 1 三次相当于加 3，因此 i 的最后值为 8；而对于 q 的值则不然，q=(++j)+(++j)+(++j) 应理解为 q 先自增 1，再参与运算，由于 q 自增 1 三次后值为 8，三个 8 相加的和为 24，j 的最后值仍为 8。

4.2 强制类型转换运算符及表达式

强制类型转换运算符的一般形式为：

（类型说明符） （表达式）

其功能是把表达式的运算结果强制转换成类型说明符所表示的类型。

例如：(float)a 　　把 a 的值转换为实型

(int)(x+y) 　　把 x+y 的结果转换为整型

4.3 赋值运算符及表达式

1）赋值运算符和赋值表达式

（1）简单赋值运算符和表达式

简单赋值运算符记为"＝"。由"＝"连接的式子称为赋值表达式。其一般形式为：

变量＝表达式

例如：

x＝a＋b

w＝sin(a)＋sin(b)

y＝i＋＋＋－－j

赋值表达式的功能是计算表达式的值再赋予左边的变量，表达式的值即为变量的值。赋值运算符具有右结合性。因此 a＝b＝c＝5 可理解为 a＝[b＝(c＝5)]。

在其他高级语言中，赋值构成了一个语句，称为赋值语句。而在 C 语言中，把"＝"定义为运算符，从而组成赋值表达式。凡是表达式可以出现的地方均可出现赋值表达式。例如，式子：x＝(a＝5)＋(b＝8) 是合法的。它的意义是把 5 赋予 a，8 赋予 b，再把 a、b 相加，和赋予 x，故 x 应等于 13。

在 C 语言中，也可以组成赋值语句，按照 C 语言规定，任何表达式在其末尾加上分号就构成为语句。因此如"x＝8；a＝b＝c＝5；"都是赋值语句，在前面各举例中我们已大量使用过了。

（2）复合的赋值运算符

在赋值符"＝"之前，加上其他二目运算符可构成复合赋值符。如＋＝、－＝、＊＝、/＝、％＝、<<＝、>>＝、&＝、^＝、|＝。

构成复合赋值表达式的一般形式为：

变量 双目运算符＝表达式

它等效于：

变量＝变量 运算符 表达式

例如：

a＋＝5　　　　等价于 a＝a＋5

x＊＝y＋7　　等价于 x＝x＊(y＋7)

r％＝p　　　　等价于 r＝r％p

复合赋值符这种写法，对初学者可能不习惯，但是它十分有利于编译处理，能提高编译效率，并产生质量较高的目标代码。

2）类型转换

如果赋值运算符两边的数据类型不相同，则系统将自动进行类型转换，即把赋值号右边的类型换成左边的类型。具体规定如下：

（1）实型赋予整型，舍去小数部分。

（2）整型赋予实型，数值不变，但将以浮点形式存放，即增加小数部分（小数部分的值为 0）。

（3）字符型赋予整型，由于字符型为一个字节，而整型为两个字节，故将字符的 ASCII 码值放到整型量的低八位中，高八位为 0。整型赋予字符型，只把低八位赋予字符量。

【例 4.5】 赋值运算符运算。

main()

{

```
    int a1,a2,b=322;
    float x,y=8.88;
    char c1='k',c2;
    a1=y;
    x=b;
    a2=c1;
    c2=b;
    printf("%d,%f,%d,%c",a1,x,a2,c2);
}
```

运行结果：

8,322.000000,107,B

本例表明了上述赋值运算中类型转换的规则。a 为整型，赋予实型量 y 值 8.88 后只取整数 8。x 为实型，赋予整型量 b 值 322，后增加了小数部分。字符型量 c1 赋予 a2 变为整型，整型量 b 赋予 c2 后，取其低八位成为字符型（b 的低八位为 01000010，即十进制 66，按 ASCII 码对应于字符 B）。

4.4　逗号运算符及表达式

在 C 语言中，逗号 "," 也是一种运算符，称为逗号运算符。其功能是把两个表达式连接起来组成一个表达式，称为逗号表达式。

其一般形式为：

表达式 1，表达式 2，表达式 3，……

其求值过程是：分别求各个表达式的值，并以最后一个表达式的值作为整个逗号表达式的值。

【例 4.6】　逗号运算符运算。

```
main()
{
 int a=2,b=4,c=6,x,y;
 y=(x=a+b),(b+c);
 printf("y=%d,x=%d",y,x);
}
```

运行结果：

y=6,x=6

本例中，y 等于整个逗号表达式的值，也就是表达式 2 的值，x 是第一个表达式的值。

对于逗号表达式还要说明以下两点。

(1) 逗号表达式一般形式中的表达式 1 和表达式 2，也可以又是逗号表达式。

例如：

表达式 1，（表达式 2，表达式 3）

形成了嵌套情形。因此可以把逗号表达式扩展为以下形式：

表达式 1，表达式 2，…，表达式 n

整个逗号表达式的值等于表达式 n 的值。

（2）程序中使用逗号表达式，通常是要分别求逗号表达式内各表达式的值，并不一定要求整个逗号表达式的值。

并不是在所有出现逗号的地方都组成逗号表达式，如在变量说明中，函数参数表中逗号只是用作各变量之间的间隔符。

4.5 位运算符及表达式

前面介绍的各种运算都是以字节作为最基本单位进行的，但在很多系统程序中，常常要求在位（bit）一级进行运算或处理。C 语言提供了位运算的功能，这使得 C 语言也能像汇编语言一样用来编写系统程序。

C 语言提供了六种位运算符：

&	按位与
|	按位或
^	按位异或
~	取反
<<	左移
>>	右移

1）按位与运算

按位与运算符"&"是双目运算符。其功能是参与运算的两数各对应的二进位相与。只有对应的两个二进位均为 1 时，结果位才为 1，否则为 0。参与运算的数以补码方式出现。

例如：9&5 可写算式如下：

```
    00001001        （9 的二进制补码）
  & 00000101        （5 的二进制补码）
  ──────────
    00000001        （1 的二进制补码）
```

可见 9&5 的值为 1。

按位与运算通常用来对某些位清 0 或保留某些位。例如，把 a 的高八位清 0，保留低八位，可作 a&255 运算（255 的二进制数为 0000000011111111）。

◎【例 4.7】 按位与运算。

```
main()
{
    int a=9,b=5,c;
    c=a&b;
    printf("a=%d\nb=%d\nc=%d\n",a,b,c);
}
```

运行结果：

a＝9

b＝5

c＝1

2）按位或运算

按位或运算符"｜"是双目运算符。其功能是参与运算的两数各对应的二进位相或。只要对应的两个二进位有一个为1时，结果位就为1。参与运算的两个数均以补码出现。

例如，9｜5可写算式如下：

$$
\begin{array}{r}
00001001 \\
|\ 00000101 \\
\hline
00001101
\end{array}
$$
　　　（十进制为13）

可见9｜5的值为13。

◉【例 4.8】 按位或运算。
```
main（）
{
    int a＝9, b＝5, c;
    c＝a｜b;
    printf（"a＝%d \ nb＝%d \ nc＝%d \ n", a, b, c）;
}
```
运行结果：

a＝9

b＝5

c＝13

3）按位异或运算

按位异或运算符"＾"是双目运算符。其功能是参与运算的两数各对应的二进位相异或，当两对应的二进位相异时，结果为1。参与运算数仍以补码出现，例如9＾5可写成算式如下：

$$
\begin{array}{r}
00001001 \\
\widehat{}\ 00000101 \\
\hline
00001100
\end{array}
$$
　　　（十进制为12）

◉【例 4.9】 按位异或运算。
```
main（）
{
    int a＝9;
    a＝a＾5;
    printf（"a＝%d \ n", a）;
}
```

运行结果：

a＝12

4）按位求反运算

求反运算符"～"为单目运算符，具有右结合性。其功能是对参与运算的数的各二进位按位求反。

例如～9 的运算为：

～(0000000000001001)，结果为：1111111111110110

5）按位左移运算

左移运算符"＜＜"是双目运算符。其功能把"＜＜"左边的运算数的各二进位全部左移若干位，由"＜＜"右边的数指定移动的位数，高位丢弃，低位补 0。

例如：a＜＜4 指把 a 的各二进位向左移动 4 位。如 a＝00000011（十进制 3），左移 4 位后为 00110000（十进制 48）。

6）按位右移运算

右移运算符"＞＞"是双目运算符。其功能是把"＞＞"左边的运算数的各二进位全部右移若干位，"＞＞"右边的数指定移动的位数。

例如：设 a＝15，a＞＞2 表示把 000001111 右移为 00000011（十进制 3）。

应该说明的是，对于有符号数，在右移时，符号位将随同移动。当为正数时，最高位补 0，而为负数时，符号位为 1，最高位是补 0 或是补 1，取决于编译系统的规定。Turbo C 和很多系统规定为补 1。

◉ 【例 4.10】 位运算。

```
main()
{
    unsigned a,b;
    printf("input a number：   ");
    scanf("%d",&a);
    b=a>>5;
    b=b&15;
    printf("a=%d\tb=%d\n",a,b);
}
```

运行结果：

intput a number：5↙

a＝5　　　b＝0

◉ 【例 4.11】 位运算。

```
main ()
{
    char a='a', b='b';
```

```
        int p, c, d;
        p=a;
        p= (p<<8) | b;
        d=p&0xff;
        c= (p&0xff00) >>8;
        printf ("a=%d \ nb=%d \ nc=%d \ nd=%d \ n", a, b, c, d);
    }
```
运行结果：

a=97

b=98

c=97

d=98

7) 位域（位段）

有些信息在存储时，并不需要占用一个完整的字节，而只需占几个或一个二进制位。例如，在存放一个开关量时，只有0和1两种状态，用一位二进位即可。为了节省存储空间，并使处理简便，C语言又提供了一种数据结构，称为"位域"或"位段"。

所谓"位域"是把一个字节中的二进位划分为几个不同的区域，并说明每个区域的位数。每个域有一个域名，允许在程序中按域名进行操作。这样就可以把几个不同的对象用一个字节的二进制位域来表示。

（1）位域的定义和位域变量的说明

位域定义与结构体定义相仿，其形式为：

        struct 位域结构名
            {位域列表};

其中位域列表的形式为：

        类型说明符 位域名:位域长度

例如：

```
        struct bs
         {
            int a:8;
            int b:2;
            int c:6;
         };
```

位域变量的说明与结构变量说明的方式相同。可采用先定义后说明、同时定义说明，或者直接说明这三种方式。

        例如：

```
        struct bs
         {
            int a:8;
            int b:2;
```

```
            int c:6;
        }data;
```

说明 data 为 bs 变量，共占两个字节。其中，位域 a 占 8 位，位域 b 占 2 位，位域 c 占 6 位。

对于位域的定义有以下几点说明。

① 一个位域必须存储在同一个字节中，不能跨两个字节。如果一个字节所剩空间不够存放另一位域时，则应从下一单元起存放该位域，也可以有意使某位域从下一单元开始。

例如：

```
    struct bs
    {
        unsigned a:4
        unsigned :0          /* 空域 */
        unsigned b:4         /* 从下一单元开始存放 */
        unsigned c:4
    }
```

在这个位域定义中，a 占第一字节的 4 位，后 4 位填 0 表示不使用，b 从第二字节开始，占用 4 位，c 占用 4 位。

② 由于位域不允许跨两个字节，因此，位域的长度不能大于一个字节的长度，也就是说不能超过 8 位。

③ 位域可以无位域名，这时它只用来作填充或调整位置。无名的位域是不能使用的。例如：

```
    struct k
    {
        int a:1
        int  :2             /* 该 2 位不能使用 */
        int b:3
        int c:2
    };
```

从以上分析可以看出，位域在本质上就是一种结构类型，不过其成员是按二进位分配的。

(2) 位域的使用

位域的使用和结构成员的使用相同，其一般形式为：

位域变量名·位域名

位域允许用各种格式输出。

◇ 【例 4.12】 位域运算。

```
main()
{
    struct bs
    {
        unsigned a:1;
        unsigned b:3;
        unsigned c:4;
```

```
        } bit, * pbit;
        bit. a=1;
        bit. b=7;
        bit. c=15;
        printf("%d,%d,%d\n",bit. a,bit. b,bit. c);
        pbit=&bit;
        pbit->a=0;
        pbit->b&=3;
        pbit->c|=1;
        printf("%d,%d,%d\n",pbit->a,pbit->b,pbit->c);
    }
```

运行结果：

1,7,15

0,3,15

上例程序中定义了位域结构 bs，三个位域为 a、b、c。说明了 bs 类型的变量 bit 和指向 bs 类型的指针变量 pbit。这表示位域也是可以使用指针的。程序的 9、10、11 三行分别给三个位域赋值（应注意赋值不能超过该位域的允许范围）。程序第 12 行以整型量格式输出三个域的内容。第 13 行把位域变量 bit 的地址送给指针变量 pbit。第 14 行用指针方式给位域 a 重新赋值，赋为 0。第 15 行使用了复合的位运算符"&="，该行相当于：

$$pbit->b=pbit->b\&3$$

位域 b 中原有值为 7，与 3 作按位与运算的结果为 3（111&011=011，十进制值为 3）。同样，程序第 16 行中使用了复合位运算符"|="，相当于：

$$pbit->c=pbit->c|1$$

其结果为 15。程序第 17 行用指针方式输出了这三个域的值。

——————————— **本章小结** ———————————

C 语言支持的运算符有很多，本章重点介绍基本算术运算符、类型转换运算符、赋值运算符、逗号运算符、位操作运算符的运算法则、优先级和结合性，表达式使用时注意事项等。应特别注意运算表达式的值与变量的值的区别，掌握计算混合运算表达式的值的方法。

运算是很多算法实施的基础，因此需要牢固掌握。关系、逻辑、条件运算符等将在第 5 章介绍。

——————————— **巩固练习** ———————————

【题目】

1. 编写程序，将测量出的华氏温度 F，转换为摄氏温度 C。

已知华氏温度 F 与摄氏温度 C 之间的关系式为：

$$C = \frac{5}{9}(F - 32)$$

2. 阅读程序，判断运行结果，并分析程序段中的自增运算变量的值与表达式的值。

int m=12,n=34;

printf("%d%d",m++,++n);

printf("%d%d",n++,++m);

3. 从键盘输入三角形三边 a、b、c 的长，并计算三角形的面积 area，area 小数点后保留 4 位，左对齐，宽度为 10。

4. 编写一个程序，输入半径，输出其圆周长、圆面积及圆球体积。

5. 输入一个字符，分别输出其前导字符、本字符、后续字符。

6. 下列（　　）表达式的值为真，其中：a=5；b=8；c=10；d=0。

A. a * 2>8+2

B. a&&d

C. (a * 2-c)||d

D. a-b<c * d

7. 能正确表示逻辑关系："a≥10 或 a≤0"的 C 语言表达式是（　　）。

A. a>=10 or a<=0

B. a>=0 | a<=10

C. a>=10 && a<=0

D. a>=10 || a<=0

8. 以下不符合 C 语言语法的赋值语句是（　　）。

A. a=1，b=2

B. ++j；

C. a=b=5；

D. y=(a=3,6 * 5)；

9. 若 int a=3，则执行完表达式 a-=a+=a * a 后，a 的值是（　　）。

A. -15

B. -9

C. -3

D. 0

10. 下列各 m 的值中，能使 m%3==2&&m%5==3&&m%7==2 为真的是（　　）。

A. 8

B. 23

C. 17

D. 6

11. 若有定义：int a=7；float x=2.5，y=4.7；

则表达式 x+a%3 * (int) (x+y)%2/4 的值是（　　）。

A. 2.500000

B. 2.750000

C. 3.500000

D. 0.000000

【参考答案】

1.
```c
#include<stdio.h>
int main()
{
    float f,c;
    f=64.0;
    c=(5.0/9)*(f-32);
    printf("f=%f\nc=%f\n",f,c);
    return 0;
}
```

2. 12353514

3.
```c
#include<stdio.h>
#include<math.h>
int main()
{
    double a,b,c,s,area;
    scanf("%1f,%1f,%1f",&a,&b,&c);
    s=(a+b+c)/2;
    area=sqrt(s*(s-a)*(s-b)*(s-c));
    printf("area=%-10.4f\n",area);
    return 0;
}
```

4.
```c
#include<stdio.h>
int main()
{
    float r,l,s,v;
    scanf("%f",&r);
    l=2*3.14*r;
    s=3.14*r*r;
    v=4.0/3.0*3.14*r*r*r;
    printf("半径为%f的圆周长为%f,面积为%f,球体体积为%f\n",r,l,s,v);
    return 0;
}
```

5.
```c
#include<stdio.h>
int main()
```

```
{
    char c,c1,c2；
    scanf("%c",&c)；
    c1=c-1；
    c2=c+1；
    printf("三个字符为：%c,%c,%c\n",c1,c,c2)；
    return 0；
}
```
6. 答案 D
7. 答案 D
8. 答案 A
9. 答案 D
10. 答案 B
11. 答案 A

第二部分

模块化知识

第5章
选择分支结构 »»»

【引导项目】

本章所介绍的项目是：青少年身高测算器。每个做父母的都关心自己孩子成人后的身高，据有关生理卫生知识与数理统计分析表明，影响小孩成人后的身高的因素包括遗传、饮食习惯与体育锻炼等。小孩成人后的身高与其父母的身高和自身的性别密切相关。设 faHeight 为其父身高，moHeight 为其母身高，身高预测公式为：

$$男性成人时身高＝(faHeight＋moHeight)×0.54(cm)$$
$$女性成人时身高＝(faHeight×0.923＋moHeight)/2(cm)$$

此外，如果喜爱体育锻炼，那么可增加身高 2％；如果有良好的卫生饮食习惯，那么可增加身高 1.5％。

编写程序，从键盘输入用户的性别、父母身高、是否喜爱体育锻炼、是否有良好的饮食习惯等条件，利用给定公式和身高预测方法对孩子的身高进行预测。

【要点解析】

要计算孩子的身高，首先要确定计算表达式。由于身高的计算公式是与父母身高、性别、饮食习惯和体育锻炼相关的，所以要根据特定的条件选择来确定身高表达式，这就要用到选择控制结构。

程序具体流程为：

输入父母身高；确定孩子性别；选择是否经常锻炼；选择是否有良好的饮食习惯；确定身高计算公式；计算身高并输出。

程序中用到的变量有：

faHeight 和 moHeight——float 类型，分别表示孩子父母的身高。

sex——char 类型，用来表示孩子的性别，输入字符 M 表示男性，F 表示女性。

sport——char 类型，用来表示是否喜欢体育锻炼，输入字符 Y 表示经常进行体育锻炼，N 表示不经常进行体育锻炼。

diet——char 类型，用来表示是否有良好的饮食习惯，输入字符 Y 表示有良好的饮食习惯，N 则为没有良好的饮食习惯。

5.1　条件分支 if 语句

5.1.1　关系运算符及表达式

1）关系运算符及其优先次序

（1）关系运算符

C 语言提供 6 种关系运算符：

$<$　$<=$　$>$　$>=$　$==$　$!=$

（2）关于优先次序

① 前 4 种关系运算符（"$<$"，"$<=$"，"$>$"，"$>=$"）的优先级别相同，后两种也相同。前 4 种高于后 2 种。例如，"$>$"优先于"$==$"。而"$>$"与"$<$"优先级相同。

② 关系运算符与算术运算符、赋值运算符的优先级关系如下：

算术运算符(高)→关系运算符(中)→赋值运算符(低)

例如：a>b+c　　　　等效于 a>(b+c)

　　　a==b<c　　　等效于 a==(b<c)

　　　a=b>=c　　　等效于 a=(b>=c)

③ 关系运算符的结合方向是"自左向右"。

注意："等于"关系的运算符"$==$"和"不等于"关系的运算符"$!=$"，与数学中的表示方法不同。例如，欲判断 x 是否等于 0，若写成：x=0，则表示把 0 赋值给变量 x，正确的写法为：x==0。

2）关系表达式

（1）关系表达式

用关系运算符将两个表达式（算术表达式、关系表达式、逻辑表达式、赋值表达式、字符表达式等）连接起来的式子，称为关系表达式。

例如：x>y，a+b<18，'a'<'b'，都为合法的关系表达式。

（2）关系表达式的值

关系表达式的值是一个逻辑值，即"真"或"假"。在 C 语言中：常用 1 表示"真"，用 0 表示"假"。

例如，a=5，b=2，则：关系表达式 a>b 的值为"真"，表达式的值为 1；关系表达式 a==b 的值为"假"，表达式的值为 0。

可以将关系表达式的运算结果（0 或 1）赋给一个整型变量或字符型变量，如 a=4，b=1，下面的赋值语句是将 1 赋给变量 c，则：

$$c=a>b\qquad c\text{ 的值为 } 1$$

5.1.2 逻辑运算符及表达式

1）逻辑运算符及其优先次序

（1）逻辑运算符

C语言提供了3种逻辑运算符：

!　　　逻辑非

&&　　逻辑与

||　　　逻辑或

其中"&&"和"||"为"双目（元）运算符"，要求有两个操作数（即运算量），如 (a<b) && (x<=y)，(a<b)||(x<=y)。"!"是"一目（元）运算符"，只需一个操作数，如! a 或! (a<b)。

（2）关于逻辑运算符的优先次序

① 逻辑运算符的优先次序如下：

!（非）→&&（与）→||（或），即"!"为三者中最高的。

② 逻辑运算符中的"&&"和"||"低于关系运算符，"!"高于算术运算符。

例如：

(a>=b)&&(x>y)　　　　可写成：a>=b&&x>y

(a==b)||(x==y)　　　　可写成：a==b||x==y

③ 逻辑运算的结合方向是"自左向右"。

2）逻辑表达式

（1）逻辑表达式

用逻辑运算符将关系表达式或逻辑量连接起来的式子就是逻辑表达式。

例如：a&&b*c，(a+b)||(c<0)，均为逻辑表达式。

（2）逻辑表达式的值

C语言编译系统在给出逻辑运算时，以数值1代表"真"，以0代表"假"，但在判断一个量是否为"真"时，以非0代表"真"，即将一个非0的数值认为是"真"，以0代表"假"。

注意：

① 参与逻辑运算的量不但可以是0和1，或者是0和非0的整数，也可以是任何类型的数据，如字符型、实型或指针型。

② 如果在一个表达式中不同位置上出现数值，则应区分哪些是作为数值运算或关系运算的对象，哪些作为逻辑运算的对象。

③ 在逻辑表达式的求解中，并不是所有逻辑运算符都需要执行，有时只需执行一部分运算符就可以得到逻辑表达式的最后结果。例如：

x&&y&&z，只有x为真时，才需要判断y的值；只要x为假，就立即得出整个表达式为假。

x||y||z，只要x为真（非0），就不必判断y和x；当x为假，才判断y；x和y都为假才判断z。

5.1.3　if 语句

if 语句是选择结构的一种形式，又称为条件分支语句。它是通过对给定条件的判断，来决定所要执行的操作。C 语言中提供了 3 种形式的 if 语句：if 语句、if-else 语句和 if-else-if 语句。

1）if 语句的三种形式

（1）if 语句

if 语句是条件分支语句最基本的形式。

格式：if（表达式）语句

功能：首先计算表达式的值，若表达式的值为"真"（非 0），则执行语句；若表达式的值为"假"（0），则不执行语句。

例如：if(x＞y)printf("％d",x);

（2）if-else 语句

if-else 语句是条件分支语句的标准使用形式。

格式：if（表达式）语句 1

　　　else　语句 2

功能：首先计算表达式的值，若表达式的值为"真"（非 0），则执行语句 1；若表达式的值为"假"（0），则执行语句 2。

（3）if-else-if 语句

前面两种 if 语句一般都用于两个分支的选择结构。对于多个分支选择时，可采用 if-else-if 语句。

格式：if（表达式 1）语句 1

　　　else if（表达式 2）语句 2

　　　else if（表达式 3）语句 3

　　　　　⋮

　　　else if（表达式 n－1）语句 n－1

　　　else 语句 n

功能：首先计算表达式 1 的值，若为"真"（非 0），则执行语句 1，否则进行下一步判断；若表达式 2 为真，执行语句 2，否则进行下一步判断……最后所有表达式都为"假"时，执行语句 n。

例如：

if(score＞89)　　　grade＝'A';

else if(score＞79)　grade＝'B';

else if(score＞69)　grade＝'C';

else if(score＞59)　grade＝'D';

else　　　grade＝'E';

关于 if 语句的说明如下。

① if 后面圆括号中的表达式一般是关系表达式或逻辑表达式，用于描述选择结构的条

件，但也可以是任意的数值类型表达式（包括整型、实型、字符型、指针型数据表达式）。

例如：if(2) printf("OK!")；

这是合法的，因为表达式的值为 2，非 0，按"真"处理，执行结果输出"OK!"

② 第二种、第三种格式的 if 语句中，在每个 else 前面有一个分号，整个语句结束处也有一个分号。这是由于分号是 C 语句中不可缺少的部分，这个分号是 if 语句中的内嵌语句所需要的。

③ 在 if 和 else 后面可以只含有一个内嵌的操作语句，也可以含有多个操作语句，此时应用大括号"｛ ｝"将几个语句括起来，构成一个复合语句，注意：复合语句的"｛"和"｝"之后不能加分号。

【例 5.1】 输入两个实数，按代数值由小到大输出这两个数。

```
main()
{
    float a,b,c;
    scanf("%f,%f",&a,&b);
    if(a>b)
    {
        t=a;a=b;b=t;
    }
    printf("%5.2f,%5.2f",a,b);
}
```

程序运行结果：

2.2，−5.7✓

−5.70,2.20

2）if 语句的嵌套

在 if 语句中包含一个或多个 if 语句，称为 if 语句的嵌套。想要处理多重分支选择结构问题，除了用 if-else-if 语句外，还可以利用 if 语句的嵌套来实现。

说明：

① if 和 else 的配对规则为：else 总是与它上面的最近的未配对的 if 配对。

② if 与 else 的个数最好相同，从内层到外层一一对应，以避免出错。

③ 在嵌套内的 if 语句既可以是 if 语句形式，也可以是 if-else 语句形式，但最好使内嵌 if 语句也包含 else 部分。如果 if 与 else 的个数不同，则可以用大括号来确定配对关系。

例如：

```
if（ ）
   ｛ if（ ） 语句 1 ｝
 else
   语句 2
```

这时"｛ ｝"限定了内嵌 if 语句的使用范围，因此 else 与第一个 if 配对。

3）条件运算符

条件运算符由两个符号"?"和":"组成，要求有 3 个操作对象，称三目（元）运算符，它是 C 语言中唯一的三目运算符。条件表达式的格式为：

表达式 1? 表达式 2：表达式 3

例如：min＝(a＜b)? a:b;

说明：

① 通常情况下，表达式 1 是关系表达式或逻辑表达式，用于描述条件表达式中的条件，表达式 2 和表达式 3 可以是常量、变量或表达式。

例如：(x＝ ＝y)?′T′:′F′

      (a＞b)? printf("%d",a):printf("%d",b)

等均为合法的条件表达式。

② 条件表达式的执行顺序：先求解表达式 1，若为非 0（真）则求解表达式 2，此时表达式 2 的值就作为整个条件表达式的值。若表达式 1 的值为 0（假），则求解表达式 3，表达式 3 的值就是整个条件表达式的值。

例如：min＝(a＜b)? a:b;

执行结果就是将 a 和 b 二者中较小的赋给 min。

③ 条件表达式的优先级别仅高于赋值运算符，而低于前面介绍过的所有运算符。

例如：min＝(a＜b)? a:b;可直接写成 min＝a＜b? a:b;

      a＞b? a:b+1 等效于 a＞b? a:(b+1),而不等效于(a＞b? a:b)+1。

④ 条件运算符的结合方向为"自右至左"。

例如：x＞0? 1:x＜0? －1:0 等效于 x＞0? 1:(x＜0? －1:0)

⑤ 表达式 1、表达式 2 和表达式 3 的类型可以不同，此时条件表达式的值的类型为它们中较高的类型。

【例 5.2】 输入一个字符，判别它是否为大写字母，如果是，则将它转换成小写字母；如果不是，则不转换；然后输出最后得到的字符。

```
main()
{
    char ch;
    printf("Please enter a charcter:\n");
    scanf("%c",&ch);
    ch=(ch>='A'&&ch<='Z')? (ch+32):ch;
    printf("%c",ch);
}
```

程序运行结果：

Please enter a charcter：

A↙

a

说明：条件表达式中的（ch+32），其中 32 是小写字母和大写字母 ASCII 码的差值。

5.2　多分支 switch 语句

5.2.1　问题的提出

要求按照考试成绩的等级（grade）输出百分制分数段：键入'A'，输出"85～100"；键入'B'，输出"70～84"；键入'C'，输出"60～69"；键入'D'，输出"＜60"；键入其他任意字符，输出"error"。

```
main()
{
  char grade;
  scanf("%c",&grade);
  switch(grade)
  {
    case  'A':printf("85～100\n");
    case  'B':printf("70～84\n");
    case  'C':printf("60～69\n");
    case  'D':printf("＜60\n");
    default:printf("error\n");
  }
}
```

5.2.2　switch 语句

格式为：

```
switch(表达式)
{
  case 常量表达式 1:语句 1
  case 常量表达式 2:语句 2
    ⋮
  case 常量表达式 n:语句 n
  default:语句 n+1
}
```

其中，default 和语句 n+1 可以同时省略。

说明：

① switch 的表达式通常是一个整型或字符型变量，也允许是枚举型变量，其结果为相应的整数、字符或枚举常量。case 后的常量表达式必须是与表达式对应一致的整数、字符或枚举常量。

② switch 语句中所有 case 后面的常量表达式的值都必须互不相同。

③ switch 语句中的 case 和 default 的出现次序是任意的。

④ 由于 switch 语句中的"case 常量表达式"只是起语句标号的作用，而不起条件判断作用，即"只是开始执行处的入口标号"。可以用一个 break 语句来终止 switch。将上面的 switch 结构改写如下：

```
switch(grade)
{
    case 'A':printf("85～100\n");break;
    case 'B':printf("70～84\n");break;
    case 'C':printf("60～69\n");break;
    case 'D':printf("<60\n");break;
    default:printf("error\n");
}
```

最后一个分支（default）可以不加 break 语句。如果 grade 的值为"B"，则只输出"70～84"。

⑤ 每个 case 的后面既可以是一个语句，也可以是多个语句，当是多个语句的时候，也不需要用大括号括起来。

⑥ 多个 case 的后面可以共用一组执行语句，如：

```
switch(n)
{
    case 1:
    case 2:
        x=10;break;
    ……
}
```

它表示当 n=1 或 n=2 时，都执行下面两个语句：

```
x=10;
break;
```

◐ 【例 5.3】 求一个整数的平方根，若为负数，则求出它的负数平方根。

```
#include "stdio.h"
#include "math.h"
main()
{
    int n;
    float root;
    printf("Enter a number:\t");
    scanf("%d",&n);
    if(n>=0)
    {
        root=sqrt(n);printf("sqrt(%d)=%f",n,root);
    }
```

```
    else
    {
        root=sqrt(abs(n));
        printf("sqrt(%d)=%fi",n,root);
    }
}
```

◉ 【例 5.4】 从键盘上输入 3 个实数，求出其中的最小值并输出其值。

```
main()
{
    float a,b,c,temp;
    printf("Please enter a,b,c:\n");
    scanf("%f,%f,%f",&a,&b,&c);
    if(a>=b)
    {
        temp=a;a=b;b=temp;
    }
    if(a>=c)
    {
        temp=a;a=c;c=temp;
    }
    printf("Min=%f\n",a);
}
```

程序运行情况：

1.2,-34.5,678↙

Min=-34.500001

也可以用如下方法解答此题：

```
main()
{
    float a,b,c,temp;
    printf("Please enter a,b,c:\n");
    scanf("%f,%f,%f",&a,&b,&c);
    a=(a<b)? a:b;
    a=(a<c)? a:c;
    printf("Min=%f\n",a);
}
```

◉ 【例 5.5】 输入一个年份，判断它是否是闰年。

```
main()
{
    int year,leap;
```

```
    printf("Please enter year:\n");
    scanf("%d",&year);
    if(year%400==0)
      leap=1;
    else
      if((year%4==0)&&(year%100! =0))
          leap=1;
      else
          leap=0;
    if(leap! =0)
      printf("%d is a leap year. \n",year);
    else
      printf("%d is not a leap year. \n",year);
}
```

程序运行情况如下：

Please enter year:

2008↙

2008 is a leap year.

1989↙

1989 is not a leap year.

说明：

① 若年号能被 400 整除或能被 4 整除且不能被 100 整除，则该年号为闰年，否则不是闰年。

② 事实上，还可以用一个逻辑表达式概括闰年的所有条件，从而上述程序可以简化为如下形式：

```
main()
{
    int year,leap;
    printf("Please enter year:\n");
    scanf("%d",&year);
    if(year%400==0 || year%4==0&&year%100! =0)
      printf("%d is a leap year. \n",year);
    else
      printf("%d is not a leap year. \n",year);
}
```

【例 5.6】 求 $ax^2+bx+c=0$ 方程的解。

［分析］从代数知识可知：

① $a=0$，不是二次方程。

② $b^2-4ac=0$，有两个相等实根。

③ $b^2-4ac>0$，有两个不等实根。

④ $b^2-4ac<0$，有两个虚根。

```c
#include "math. h"
main()
{
    float a,b,c,d,disc,x1,x2,realpart,imagepart;
    printf("Please enter a,b,c:\n");
    scanf("%f,%f,%f",&a,&b,&c);                    /* 方程系数 */
    printf("The equation");
    if(fabs(a)<=1e-6)                              /* 判别 a=0 */
        printf("is not quadratic");
    else
        disc=b*b-4*a*c;                            /* Δ */
    if(fabs(a)<=1e-6)                              /* Δ=0 */
        printf("has two equal roots:%8.4f\n",-b/(2*a));
    else if(disc>1e-6)                             /* Δ>0 */
    {
        x1=(-b+sqrt(disc))/(2*a);
        x2=(-b-sqrt(disc))/(2*a);
        printf("has distinct real roots:%8.4f and%8.4f\n",x1,x2);
    }
    else                                           /* Δ<0 */
    {
        realpart=-b/(2*a);
        imagpart=sqrt(-disc)/(2*a);
        printf("has complex roots:\n");
        printf("%8.4f+%8.4fi\n",realpart,imagpart);
        printf("%8.4f-%8.4fi\n",realpart,imagpart);
    }
}
```

运行结果：

Please enter a,b,c:

3,4,5

The equation has complex roots:

-0.6667+1.1055i

-0.6667-1.1055i

Please enter a,b,c:

1,2,1

The equation has two equalroots:-1.0000

该程序中用 disc 代表 b^2-4ac，用 fabs (disc) $<=1e-6$ 来判别 disc 的值是否为 0，是

因为实数 0 在机器内存储时存在微小的误差，往往是以一个非常接近 0 的实数存放，所以采取的办法是判别 disc 的绝对值［fabs（disc）］是否小于一个很小的数，如果小于此数，就认为 disc＝0。

本章小结

本章介绍了结构化程序设计的基本结构之一：选择结构，另外还介绍了逻辑运算等内容，现将本章中的知识要点概括性小结如下。

① 关系运算：包括关系运算符及其优先性、关系表达式及其求值方法。

② 逻辑运算：包括逻辑运算符及其优先性、逻辑表达式及其求值方法。

③ 用 if 语句实现选择结构：包括 if 的三种形式及其执行流程、if 语句的嵌套。

④ 用 switch 语句实现多分支选择结构。

⑤ 条件运算符的使用。

巩固练习

【题目】

1. 从键盘输入某同学的 C 语言考试成绩，判断其是否及格（＞＝60 为及格）。如果是，则输出 Yes，否则输出 No。

2. 从键盘输入一个 2 位正整数，通过计算机调整各个位的前后顺序，保证其十位数字小于个位数字。

3. 从键盘输入一个字符，如果是字母，就输出其对应的 ASCII 码；如果是数字字符，就转换成对应整数并输出（提示：请注意数字字符和对应整数的区别）。

4. 从键盘输入一个数，判断其是否是 5 的倍数而不是 7 的倍数。如果是，输出此数的平方，否则输出此数。

5. 某人购买饮料 2.5 元，付给商家钱，若正好 2.5 元则不需要找零；若不足 2.5 元，则告知用户付款错误；若需找零，则计算零钱。

6. 从键盘输入 1～7 的数字，分别提示 Monday、Tuesday、Wednesday…输入错误（1～7 以外的数字）时有提示信息。举例：输入 1，在屏幕上显示 Monday。

7. 一售货机有饮料三种：1 号键可乐 2.5 元，2 号键橙汁 4 元，3 号键咖啡 6 元。编写程序实现简单售货过程。

例如，某人按下 1 号键提示用户"您选择的可乐 2.5 元，请付款！"，用户付款后，若无需找零提示"付款成功，请取饮料！"；若需找零，则提示"付款成功，找零 XX 元，请取饮料！"。

8. 输入某年某月某日，判断这一天是这一年的第几天？

以 3 月 5 日为例，应该先把前两个月的天数加起来，然后再加上 5 天即为本年的第几天。特殊情况，闰年且输入月份大于 3 时，则需考虑多加一天。

1.

```c
#include <stdio.h>
void main()
{   int a;
    scanf("%d",&a);
    if(a>=60) printf("Yes\n");
    else  printf("No\n");
}
```

2.

```c
#include <stdio.h>
void main()
{   int n,a,b,c;
    scanf("%d",&n);
    a=n/10; b=n%10;
    if(a>b)c=b*10+a;
    else c=n;
    printf("%d\n",c);
}
```

3.

```c
#include <stdio.h>
void main()
{   char c;
    scanf("%c",&c);
    if(c>='a'&&c<='z'||c>='A'&&c<='Z')
    printf("ASCII:%d\n",c);
    else if(c>='0'&&c<='9')
    printf("数字:%d\n",c-'0');
}
```

4.

```c
#include <stdio.h>
void main()
{   int a;
    scanf("%d",&a);
    if(a%5==0&&a%7!=0) printf("%d\n",a*a);
    else  printf("%d\n",a);
}
```

5.

```c
#include <stdio.h>
void main()
```

```
{   float money,zhaoling;
    printf("饮料 2.5 元,请付款! \n");
    scanf("%f",&money);
    if(money==4) printf("付款成功! \n");
    else if(money>2.5) {zhaoling = money-2.5;printf("付款成功,找零%.1f 元! \
n",zhaoling);}
    else printf("付款错误! \n");
}
```

6.
```
#include〈stdio. h〉
void main()
{
    int a;
    scanf("%d",&a);
    switch(a)
    {
      case 1: printf("Monday\n");break;
      case 2: printf("Tuesday\n");break;
      case 3: printf("Wednesday\n");break;
      case 4: printf("Thursday\n");break;
      case 5: printf("Friday \n");break;
      case 6: printf("Saturday\n");break;
      case 7: printf("Sunday\n");break;
      default:printf("error! \n");break;
    }
}
```

7.
```
#include 〈stdio. h〉
void main()
{
    int n;
    float money,zhaoling;

    printf("请按键选择饮料:1 号可乐 2.5 元,2 号橙汁 4 元,3 号咖啡 6 元\n");
    scanf("%d",&n);
    switch(n)
    {
        case 1:printf("您选择的可乐 2.5 元,请付款! \n");break;
        case 2:printf("您选择的橙汁 4 元,请付款! \n");break;
        case 3:printf("您选择的咖啡 6 元,请付款! \n");break;
```

```
            default: printf("输入错误！\n");
        }

        scanf("%f",&money);
        if(n==1)
            if(money==2.5) printf("付款成功,请取饮料！\n");
            else if(money>2.5) {zhaoling=money-2.5;printf("付款成功,找零%.1f元,请
取饮料！\n",zhaoling);}
            else printf("付款错误！\n");
        else if(n==2)
            if(money==4) printf("付款成功,请取饮料！\n");
            else if(money>4) {zhaoling=money-4;printf("付款成功,找零%.1f元,请取饮
料！\n",zhaoling);}
            else printf("付款错误！\n");
        else if(n==3)
            if(money==6) printf("付款成功,请取饮料！\n");
            else if(money>6) {zhaoling=money-6;printf("付款成功,找零%.1f元,请取饮
料！\n",zhaoling);}
            else printf("付款错误！\n");

}
8.
#include <stdio.h>
void main()
{

    int year,month,day;
    int sum;
    scanf("%d. %d. %d",&year,&month,&day);

    switch(month)
    {
        case 1: sum=0;break;
        case 2: sum=31;break;
        case 3: sum=59;break;
        case 4: sum=90;break;
        case 5: sum=120;break;
        case 6: sum=151;break;
        case 7: sum=181;break;
        case 8: sum=212;break;
```

```
        case 9：sum＝243；break；
        case 10：sum＝273；break；
        case 11：sum＝304；break；
        case 12：sum＝334；break；
    }
    if((((year％4＝＝0＆＆year％100！＝0)||(year％400＝＝0))＆＆ month＞＝3)
        sum＝sum＋day＋1；
    else
            sum＝sum＋day；
    printf("％d 年％d 月％d 日是本年第％d 天\n",year,month,day,sum)；

}
```

第 **6** 章
循环结构 》》》

【引导项目】

本章所介绍的项目是：猜价格游戏。主持人拿出一件物品，该物品的价格是确定的，但游戏参与者并不知道，参与者随机猜测物品的价格，主持人会根据物品的实际价格回应参与者猜测的价格是高还是低，直到参与者猜出物品价格为止。

根据游戏规则，编写猜价格游戏程序。

游戏规则为：游戏软件随机产生三位的数字（必须是整数，100～999 区间）的价格，但不显示，给用户提供输入提示符，让用户猜测这个价格的大小。如果价格正确，则猜价格成功。

玩家有 10 次猜价格的机会，如果在 10 次之内仍未猜出正确的价格，则提示用户游戏失败。

一旦玩家在 10 次的限制内猜出正确的价格，则赢得游戏。

在猜价格的过程中，如果玩家所给价格不是正确价格，软件需给出其提供价格大于正确价格或小于正确价格的提示。

【要点解析】

该问题可以采取两层循环来解决。外层循环控制游戏结束与否，内层循环控制判定输入数据的大小是否等于给定的价格值。

循环结构是结构化程序设计的基本结构之一，它与顺序结构、选择结构共同作为各种复杂程序的基本结构单元。C 语言提供了 3 种循环语句：while 语句、do-while 语句和 for 语句，本章将分别进行介绍。除此之外，本章还将介绍 break 语句、continue 语句的使用。

6.1　三种循环语句

6.1.1　while 语句

while 语句用来实现"当型"循环结构。

格式：

```
while(表达式)
{
      语句
}
```

功能：当表达式的值为非 0 时，执行 while 语句中的循环语句。

说明：

① 循环体如果包含一个以上的语句，应该用大括号括起来，以复合语句的形式出现，否则 while 语句范围只到 while 后面第一个分号处。

② 在循环中应有使循环趋向于结束的语句，即设置修改条件的语句。例如：i＝i＋1；如果无此语句，则 i 的值一直不变，循环永不结束，这就称为"死循环"。

③ while 语句的特点是先判断表达式的值，然后执行循环体中的语句，如果表达式的值一开始为假（即值为 0），则退出循环，并转入下一个语句执行。

【例 6.1】 求 1＋2＋3＋…＋100 的值。

【分析】这是累加问题，需要先后将 100 个数相加，要重复 100 次加法运算，可用循环实现，后一个数是前一个数加 1 而得，加完上一个数 i 后，使 i 加 1 可得到下一个数。

```
#include <stdio. h>
int main()
{
    int i=1,sum=0;
    while(i<=100)
    {   sum=sum+i;
        i++;}
    printf("sum=%d\n",sum);
    return 0;
}
```

程序运行结果：

sum＝5050

6.1.2 do-while 语句

do-while 循环语句，用来实现"直到型"循环结构。

格式：

```
do
{
      语句
} while （表达式）；
```

功能：先执行一次指定的循环体语句，然后判断表达式的值，当表达式的值为非 0 时，返回重新执行该语句，如此反复，直到表达式的值等于 0 为止，此时循环结束。

说明：

① do-while 语句的特点是：先执行语句，后判断表达式的值。

② 如果 do-while 语句的循环体部分是多个语句组成，则必须用左右大括号括起来，使其形成复合语句。

③ while 圆括号后面有一个分号"；"，书写时不要忘记。

◇**【例 6.2】** 用 do-while 循环结构来计算 $1+3+5+\cdots+99$ 的值。

```
#include <stdio.h>
main()
{
    int i=1,sum=0;
    do
    {
        sum=sum+i;
        i=i+2;
    }while(i<=100);
    printf("1+3+5+…+99=%d\n",sum);
}
```

程序运行结果：

$1+3+5+\cdots+99=2500$

6.1.3 两种语句区别

① while 型循环为先判断表达式的值，然后再执行循环体，为"当"型循环。

② do-while 循环是先执行循环体，然后判断表达式的值，所以循环体至少会被执行一次，为"直到"型循环。

while 语句和 do-while 语句的区别：当 while 后面的表达式第一次的值为"真"时，两种循环得到的结果相同；否则，二者不相同（指二者具有相同的循环体的情况）。

◇**【例 6.3】** 求 $i+(i+1)+(i+2)+\cdots+10$ （$i\leqslant10$）的值，其中 i 由键盘输入。

（1）用 while 语句编程

```
main()
{
    int sum=0,i;
    scanf("%d",&i);
    while(i<=10)
    {
        sum=sum+i;
        i=i+1;
    }
    printf("sum=%d\n",sum);
}
```

程序运行情况如下：

1↙

sum＝55

再运行一次结果为：

11↙

sum＝0

（2）用 do-while 语句编程

```
main()
{
    int sum＝0,I;
    scanf("％d",&i);
    do
    {
      sum＝sum＋i;
        i＝i＋1;
    }while(i＜＝10);
    printf("％d",sum);
}
```

程序运行情况如下：

1↙

sum＝55

再运行一次结果为：

11↙

sum＝11

　　显然，当输入 i 的值小于或等于 10，两个程序运行结果相同；当 i 大于 10 时，程序（1）一次也不执行循环语句，程序（2）仍然执行一次循环语句。

6.1.4　for 语句

1）for 语句

格式：

　　　for(表达式 1;表达式 2;表达式 3)
　　　{
　　　　　语句
　　　}

执行过程：

① 先计算表达式 1 的值。

② 再计算表达式 2 的值，若其值为真，则执行循环体一次；否则跳转第⑤步。

③ 然后计算表达式 3 的值。

④ 回转上面第②步。

⑤ 结束循环，执行 for 语句下面一个语句。

说明：

① 表达式 1 一般为赋值表达式，用于进入循环之前给循环变量赋初值。

② 表达式 2 一般为关系表达式或逻辑表达式，用于执行循环的条件判定，它与 while、do-while 循环中的表达式作用完全相同。

③ 表达式 3 一般为赋值表达式或自增（i＝i＋1 可表示成 i＋＋）、自减（i＝i－1 可表示成 i－－）表达式，用于修改循环变量的值。

④ 如果循环体部分是多个语句组成的，则必须用大括号括起来，使其成为一个复合语句。

◎ 【例 6.4】 用 for 循环结构来计算 1＋2＋3＋…＋100 的值。

```
main()
{
    int i, sum=0;
    for(i=1;i<=100;i++)
        sum=sum+i;
    printf("1+2+3+…+100=%d\n",sum);
}
```

程序运行结果：

1＋2＋3＋…＋100＝5050

可以看出，此例的结果与用 while 语句完全相同。显然，用 for 语句简单、方便。对于以上 for 语句的一般形式，也可以改写为 while 循环语句的形式：

```
表达式1;
while(表达式2)
{
    循环语句;
    表达式3;
}
```

例如，以下 for 语句程序段：

```
for(i=1;i<=5;i++)
{   a=a*I;
    printf("%d%d\n",a,i);
}
```

完全等价于下面的 while 语句程序段：

```
i=1;
while(i<=5)
{
    a=a*i;
    printf("%d%d\n",a,i);
    i++;
}
```

2）for 语句表达式的进一步说明

（1）for 语句的一般形式中的"表达式 1"可以省略，但要注意省略表达式 1 时，其后的分号不能省略。此时，应在 for 语句之前给循环变量赋初值。例如：

i＝1；
for(;i＜＝100;i＋＋)
    sum＝sum＋i；
相当于：
for(i＝1;i＜＝100;i＋＋)
    sum＝sum＋i；

（2）如果省略表达式 2，即表示表达式 2 的值始终为真，循环将无终止地进行下去。
例如：
for(i＝1;;i＋＋)
    printf("%d",i)；
相当于：
i＝1；
while(1)
{
    printf("%d",i)；
    i＋＋；
}
该循环无终止条件，将无限循环输出 1、2、3、4、5……。

（3）如果省略表达式 3，也将产生一个无穷循环。因此，程序设计者应另外设法保证循环能正常结束，可以将循环变量的修改部分（即表达式 3）放在循环语句中控制。例如：
for(i＝1;i＜＝100;)
{
    sum＝sum＋I；
    i＋＋；
}
上述 for 语句中没有表达式 3，而是将表达式 3（即 i＋＋）放在循环语句中，作用相同，都能使循环正常结束。

（4）可以同时省略表达式 1 和表达式 3，即省略了循环的初值和循环变量的修改部分，此时完全等价于 while 语句。例如：
while(i＜＝10)
{
    printf("%d",i)；
    i＋＋；
}
相当于：
for(;i＜＝10;)

```
{
    printf("%d",i);
    i++;
}
```

（5）3个表达式都可省略，例如：

for(；；)相当于：while(1)

即不设初值，不判断条件（认为表达式2为真值），循环变量不增值，将无终止地执行循环体。

（6）在for语句中，表达式1和表达式3也可以使用逗号表达式，即包含一个以上的简单表达式，中间用逗号间隔。在逗号表达式内按从左至右求解，整个表达式的值为其中最右边的表达式的值。例如：

for(i=1;i<=100；i++，sum=sum+i;)

相当于：

for(i=1;i<=100;i++)

sum=sum+I;

（7）在for语句中，表达式一般为关系表达式（如 i<=10）或逻辑表达式（如 x>0 ‖ y<-4），但也可以是其他表达式（如字符表达式、数值表达式）。

（8）for语句的循环语句可以是空语句。空语句用来实现延时，即在程序执行中等待一定的时间。需要注意的是，延时程序会因为计算机速度的不同而使执行的时间不同。下面语句为延时程序的例子：

for(i=1;i<=1000;i++);

注意，以上语句最后的分号不能省略，它代表一个空语句。

6.2　循环的嵌套

C语言中有三种循环：while 循环、do-while 循环和 for 循环，可以互相嵌套。

1）循环本身可以嵌套自己

（1）for 循环嵌套 for 循环

```
for( ; ;)
{ ......
    for( ; ;)
    {......}
}
```

（2）do-while 循环嵌套 do-while 循环

```
do
{   ......
    do
    {......}while();
```

```
}while();
```
（3）while 循环嵌套 while 循环

```
while ()
{    ……
    while ()
  {……}
}
```

2）三种形式的循环可以互相嵌套

（1）形式一
```
while( )
{    ……
    do
    {……}while( );
}
```
（2）形式二
```
for(; ;)
{    ……
    while()
    {……}
}
```
（3）形式三
```
do
{    ……
    for(;;)
    {}
    ……
}while();
```
循环的嵌套形式多种多样，但是嵌套的层数不宜过多，否则会使程序变得复杂而不易理解。

◎ **【例 6.5】** 利用双重 for 循环结构打印出 9×9 乘法表。
```
main()
{
    int i, j;
    for(i=1;i<10;i++)
    {
        for(j=1;j<10;j++)
          printf("%d", i*j);
        printf("\n");
    }
}
```

6.3 break 语句和 continue 语句

6.3.1 break 语句

格式：break；

功能：该语句可以使程序运行时中途跳出循环体，即强制结束循环，接着执行循环下面的语句。

注意：

① break 语句不能用于循环语句和 switch 语句之外的任何语句。

② 在多重循环情况下，break 语句只能跳出一层循环，即从当前循环中跳出。

6.3.2 continue 语句

格式：continue；

功能：结束本次循环，即跳出循环体中下面尚未执行的语句，接着进行下一次是否执行循环的判定。

continue 语句和 break 语句的区别是：continue 语句只是结束本次循环，而不终止整个循环的执行；而 break 语句则是强制终止整个循环过程。

break 语句是终止整个循环过程，它与 continue 语句作用是截然不同的。

6.4 几种循环的比较

（1）三种循环都可以用来处理同一问题，一般情况下它们可以互相代替。

（2）while 和 do-while 循环，只在 while 后面指定循环条件，在循环体中应包含使循环趋于结束的语句（如 i++，或 i=i+1 等）。

（3）for 循环可以在表达式 3 中包含使循环趋于结束的操作，甚至可以将循环体中的操作全部放到表达式 3 中。因此 for 语句的功能更强，若用 while 循环能完成，则用 for 循环都能实现。

（4）对于循环变量赋初值，while 语句和 do-while 语句一般是在进入循环结构之前完成，而 for 语句一般是在循环语句表达式 1 中现实变量的赋值。

（5）while 语句和 for 语句都是先测试循环控制表达式，后执行循环语句；do-while 语句则是先执行循环语句，后测试循环控制表达式。

（6）while 循环、do-while 循环和 for 循环，都可以用 break 语句跳出循环，用 continue 语句结束本次循环。

本章小结

本章重点介绍了结构化程序设计的基本结构之一——循环结构，主要介绍了以下几个方面。

（1）while 循环结构的构成形式、运行流程与使用过程中的注意事项。

（2）do-while 循环结构的构成形式、运行流程与使用过程中的注意事项。

（3）for 循环结构的构成形式、运行流程与使用过程中的注意事项。

（4）三种循环结构的比较，以及在结构化程序设计中的灵活运用和循环结构的嵌套。

（5）其他流程控制语句的使用，包括 break 语句、continue 语句。

巩固练习

【题目】

1. 设计简单的计算器，可以进行加、减、乘、除四则运算，并判断是否可以计算出正确结果，计算出正确结果后，输出结果值。

2. 有一个八层的灯塔，每一层灯的数量是上一层的一倍，共有765盏灯，请编程求出最上一层和最下一层的灯的数量。

3. 补充完善下面程序，完成求 100 以内（包括 100）的偶数之和。

```c
#include <stdio.h>
main()
{
    /**********FOUND(1)**********/
    int i,sum=1;
    /**********FOUND(2)**********/
    for(i=2;i<=100;i+=1)
        sum+=i;
    /**********FOUND(3)**********/
    printf("Sum=%d \n";sum);
}
```

4. 补充下面的 fun 函数程序，实现统计出若干个学生的平均成绩、最高分以及得最高分的人数。

例如：输入 10 名学生的成绩分别为 92、87、68、56、92、84、67、75、92、66，则输出平均成绩为 77.9，最高分为 92，得最高分的人数为 3 人。

```c
#include <stdio.h>
void wwjt();
float Max=0;
int J=0;
float fun(float array[],int n)
{
```

```
/ ********** Program **********/
/ **********  End   **********/
}
main()
{
  float   a[10],ave;
  int i=0;
  for(i=0;i<10;i++)
    scanf("%f",&a[i]);
  ave=fun(a,10);
  printf("ave=%f\n",ave);
  printf("max=%f\n",Max);
  printf("Total:%d\n",J);
  wwjt();
}
void wwjt()
{
  FILE * IN, * OUT;
  float iIN[10],iOUT;
  int iCOUNT;
  IN=fopen("in. dat","r");
  if(IN==NULL)
  {
    printf("Please Verify The Currernt Dir. . it May Be Changed");
  }
  OUT=fopen("out. dat","w");
  if(OUT==NULL)
  {
    printf("Please Verify The Current Dir. .  it May Be Changed");
  }
  for(iCOUNT=0;iCOUNT<10;iCOUNT++)
    fscanf(IN,"%f",&iIN[iCOUNT]);
  iOUT=fun(iIN,10);
  fprintf(OUT,"%f %f\n",iOUT,Max);
  fclose(IN);
  fclose(OUT);
}
```

5. 补充下面的 fun 函数程序，实现求一分数序列 2/1、3/2、5/3、8/5、13/8、21/13…的前 n 项之和。

例如：求前 20 项之和的值为 32.660259。

```
#include <stdio. h>
void   wwjt();
float fun(int n)
{
  /********* Program *********/
  /********* End *********/
}
main()
{
    float y;
    y=fun(20);
    printf("y=%f\n",y);
    wwjt();
}
void wwjt()
{
    FILE *IN,*OUT;
    int iIN,i;
    float fOUT;
    IN=fopen("in. dat","r");
    if(IN==NULL)
    {
        printf("Please Verify The Currernt Dir.. it May Be Changed");
    }
    OUT=fopen("out. dat","w");
    if(OUT==NULL)
    {
        printf("Please Verify The Current Dir.. it May Be Changed");
    }
    for(i=0;i<5;i++)
    {
        fscanf(IN,"%d",&iIN);
        fOUT=fun(iIN);
        fprintf(OUT,"%f\n",fOUT);
    }
    fclose(IN);
    fclose(OUT);
}
```

【参考答案】

1.

```c
#include<stdio.h>
void main()
{
    float a,b;
    char c;
    printf("输入数据:a+(-,*,/)b\n");
    scanf("%f%c%f",&a,&c,&b);
    switch(c)
    {
    case'+':printf("%f\n",a+b);break;
    case'-':printf("%f\n",a-b);break;
    case'*':printf("%f\n",a*b);break;
    case'/':
        if(! b)
              printf("除数不能为零\n");
        else
              Printf("%f\n",a/b);
        break;
    default:printf("错误输出! \n");
    }
}
```

2.

```c
#include<stdio.h>
void main()
{
    int n=1,m,sum,i;
    while(1)
    {
        m=n;
        sum=0;
        for(i=1;i<8;i++)
        {
            m=m*2;
            sum+=m;
        }
        sum+=n;
        if(sum==765)
        {
        printf("the first floor has%d\n",n);
        printf("the eight floor has%d\n",m);
```

```
                break;
            }
        n++;
        }
    }
```

3. 答案：

========(答案1)========

int i,sum=0;

========(答案2)========

for(i=2;i<=100;i+=2)

========(答案3)========

printf("Sum=%d \n",sum);

4.

```
int i;float sum=0,ave;
Max=array[0];
for(i=0;i<n;i++)
{    if(Max<array [i]) Max=array [i];
     sum=sum+array [i];    }
ave=sum/n;
for(i=0;i<n;i++)
    if(array [i]==Max) J++;
return(ave);
```

5.

```
int i;
float f1=1,f2=1,f3,s=0;
for(i=1;i<=n;i++)
{
    f3=f1+f2;
    f1=f2;
    f2=f3;
    s=s+f2/f1;
}
return s;
```

第 7 章

数 组 >>>

项目一：模拟比赛打分。

首先通过键盘输入选手人数，然后输入裁判对每个选手裁判的打分情况，这里假设裁判有 5 位，在输入完以上要求的内容后，输出每个选手的总成绩。

项目二：学生信息管理系统的成绩添加和查找。

编写程序，实现简单的学生成绩添加和查询功能。假定第一次输入的学生成绩学号为 1，第二次输入的学生学号为 2，依此类推。

每个学生有三门功课，需要记录每门课的成绩，以及计算学生的平均成绩。

该程序应实现以下功能：

① 录入学生考试成绩；

② 打印这次考试中每个学生的成绩；

③ 根据学号查询学生的成绩；

④ 可以继续添加学生成绩信息。

【要点解析】

项目一从键盘中输入选手人数及裁判给每个选手打分的情况，输入的分数存在数组 a 中，统计出每个选手所得的总分并存到数组 b 中，最终统计出的结果按指定格式输出。

项目二定义一个二维数组，一行表示一个学生的成绩，每列表示一门功课的成绩。

首先要提供一个菜单供用户选择功能，再根据用户选择的功能来完成相应的功能。

因为要实现添加学生成绩功能，事先并不知道学生的人数，所以不能定义明确的二维数组。可以定义一个较大的二维数组，如果规定学生成绩不超过 50 个，则可定义一个 50 行的二维数组，并可以逐一添加新的学生成绩信息。

由于不能动态地定义数组的长度，因而采用定义一个最大长度数组的方式，解决事先不确定数组长度的问题，但是这样当数据信息较少时，会浪费较多的存储空间。

7.1 一维数组的定义和引用

7.1.1 一维数组的定义

C 语言规定：数组必须先定义，后使用。一维数组的格式为：

　　类型说明符　数组名［常量表达式］；

例如：float score［10］；

它表示定义了一个名为 score 的数组，该数组有 10 个元素，其存放的数据类型应为实型。

说明：

① 类型说明符用来说明数组元素的类型：int、char、float 或 double。

② 数组名的命名应遵守标识符的命名规则。

③ 数组名后是用方括号括起来的常量表达式。常量表达式表示的是组元素的个数，即数组的长度。在上例中，定义了数组 score［10］，该数组有 10 个元素，其下标从 0 开始。注意：不要使用 score［10］，因为它不是该数组的元素。

④ 常量表达式中可以包括常量和符号常量，不能包含变量，因为 C 语言规定数组不能动态定义。

7.1.2 一维数组的初始化

数组的初始化是指在定义数组时给数组元素赋初值。一维数组初始化的格式为：

类型说明符　数组名［常量表达式］＝〔常量列表〕；

例如：int a［5］＝〔2，4，6，8，10〕；

其作用是在定义数组的同时，将常量 2、4、6、8、10 分别置于数组元素 a［0］、a［1］、a［2］、a［3］、a［4］中。

说明：

① 常量列表可以是数值型、字符常量或字符串。

② 数组元素的初值必须依次放在一对大括号内，各值之间用逗号隔开。

③ 可以只给部分数组元素赋初值。例如："int　a［10］＝{1,2,3,4,5};"。

④ 在进行数组的初始化时，{ } 中值的个数不能超过数组元素的个数。

例如："int　a［5］＝{1,2,3,4,5,6,7,8};"是一种错误的数组初始化方式。

⑤ 在给数组所有元素赋初值时，可以不指定数组长度。

例如："int　a［ ］＝{1,2,3,4,5};"，则系统会自动定义数组 a 的长度为 5。

⑥ 定义数组时不进行初始化，则该数组元素的值是不确定的。如果欲将数组所有元素的初值置为 0，则可以采用如下方式："static　int　a［10］;"。

7.1.3 一维数组元素的引用

C 语言规定数组不能以整体形式参与数据处理，只能逐个引用数组元素。一维数组的引用方式为：

数组名 [下标]；

其中，下标可以是整型常量、整型变量或整型表达式。

例如有定义：int a[10],i=2;

则以下是正确的表达式：a[0]=a[1]+a[i]+a[i+3]；

◎【例 7.1】 找出 10 个整数中的最大值及其序号。

[分析] 将 10 个整数放于一维数组中，找出其中的最大值及其下标即可。

```
main ( )
{
    int  i, max, k, a[11];
    for (i=1; i<=10; i++)
    scanf ("%d", &a[i] );
    max=a[1]; k=1;
    for (i=2; i<=10; i++)
    {
        if (max<a[i] )    {max=a[i]; k=i;}
    }
    printf ("max=%d, NO：%d \ n", max, k);
}
```

◎【例 7.2】 用数组处理 Fibonacci 数列问题。

```
main( )
{
    int   i,f [20]={1,1};
    for(i=2;i<20;i++)
    f[i]=f[i-2]+f[i-1];
    for(i=0;i<20;i++)
    {
        if(i%5= =0)   printf ("\n");
        printf ("%10d",f [i]);
    }
}
```

程序的运行结果如下：

1	1	2	3	5
8	13	21	34	55
89	144	233	377	610
987	1597	2584	4181	6765

◎【例 7.3】 有 17 个人围成一圈，从第 1 号的人开始，由 1 到 3 循环报数，凡报到 3 的人离开圈子，直到最后只剩下一个人为止，编写程序并打印运行结果。

```
main( )
```

```
{
    int  i,d,temp,a[18];
    for(i=1;i<=17;i++)
      a[i]=i;
    temp=0;d=17;
    while (d>0)
      for(i=1;i<=17;i++)
        if(a[i]! =0)
      {
          temp++;
          if(temp==3)
        {
            printf ("%4d",a[i]);
            a[i]=0;temp=0;d--;
        }
      }
}
```

程序的运行结果是：

3　6　9　12　15　1　5　10　14　2　8　16　7　17　13　4　11

◉【例7.4】 用冒泡法对10个整数由小到大进行排序。

```
main( )
{
    int  i,j,t,a[11];
    printf("input 10 numbers:\n");
    for(i=1;i<=10;i++)
      scanf ("%d",&a[i]);
    printf ("\n");
    for(j=1;j<=9;j++)                 /* 控制比较的趟数 */
      for(i=1;i<=10-j;i++)            /* 控制每趟比较的次数 */
        if(a[i]>a[i+1])              /* 相邻元素相比较 */
        {t=a[i];a[i]=a[i+1];a[i+1]=t;}  /* 交换数组元素的值 */
    printf ("the sorted numbers:\n");
    for(i=1;i<=10;i++)
      printf ("%d   ",a[i]);
}
```

程序运行情况如下：

input 10 numbers:

5　8　3　21　0　−4　143　−12　67　42 ↙

the sorted numbers:

−12　−4　0　3　5　8　21　42　67　143

此程序用 a[0] 至 a[10] 存储 10 个数据，排序时采用双层循环，外层循环控制比较的"趟"数（共 9 趟），内层循环控制每趟比较的"次"数。第一趟比较 9 次，将最大数置于 a[10] 中；第二趟比较 8 次，将"次"大的数置于 a[9] 中；……；第九趟比较 1 次，将"次"小的数置于 a[2] 中；余下的最小数置于 a[1] 中。

7.2 二维数组的定义和引用

7.2.1 二维数组的定义

与一维数组相同，二维数组也必须先定义，后使用。二维数组的格式为：

类型说明符 数组名［常量表达式 1］［常量表达式 2］；

例如：int a[3][4]；

定义 a 为 3×4（3 行 4 列）的整型数组。该数组有 12 个元素，分别为：

a[0][0]　　a[0][1]　　a[0][2]　　a[0][3]

a[1][0]　　a[1][1]　　a[1][2]　　a[1][3]

a[2][0]　　a[2][1]　　a[2][2]　　a[2][3]

说明：

① 类型说明符、数组名、常量表达式的意义与一维数组相同。

② 二维数组中元素的排列顺序是按行存放，即在内存中先顺序存放第一行的元素，再存放第二行的元素。

③ 可以把二维数组看成是特殊的一维数组，它的每个元素又是一个一维数组。

7.2.2 二维数组的初始化

二维数组也可以在定义时对指定元素赋初值，可以用以下方法对二维数组进行初始化：

（1）按行分段赋值。

例如：int a[3][4]={{1,2,3,4},{5,6,7,8},{9,10,11,12}}；

（2）将所有的初值写在一个大括号内，按数组元素的排列顺序对各个元素赋初值。

例如：int a[3][4]={1,2,3,4,5,6,7,8,9,10,11,12}；

（3）可以对数组部分元素赋初值。

例如：int a[3][4]={{1},{5,6},{9}}；

又如：int a[3][4]={{1,2},{ },{0,10}}；

其作用是使 a[0][0]=1,a[0][1]=2,a[2][1]=10，数组的其他元素都为 0。

（4）如果对数组的全部元素都赋初值，则定义数组时可以不指定数组的第一维长度，但第二维长度不能省略。

例如：若有定义 int a[3] [4] = {1, 2, 3, 4, 5, 6, 7, 8, 9, 10, 11, 12}；

此定义也可以写成 int a[ ] [4] = {1, 2, 3, 4, 5, 6, 7, 8, 9, 10, 11, 12}；

7.2.3 二维数组的引用

二维数组的引用方式为：
> 数组名［下标1］［下标2］

其中下标可以是整型常量、整型变量或整型表达式。

◎【例7.5】 将数组 a（2×3矩阵）行列转置后保存到另一数组 b 中。

$$a = \begin{matrix} 1 & 2 & 3 \\ 4 & 5 & 6 \end{matrix} \qquad b = \begin{matrix} 1 & 4 \\ 2 & 5 \\ 3 & 6 \end{matrix}$$

```
main( )
{
    int a[2][3]={{1,2,3},{4,5,6}};
    int i,j,b[3][2];
    printf ("array a:\n");
    for(i=0;i<=1;i++)
    {
        for(j=0;j<=2;j++)
        {
            printf ("%5d",a[i][j]);    /*输出a数组*/
            b[j][i]=a[i][j];           /*数组转置*/
        }
        printf ("\n");
    }
    printf ("array b:\n");
    for(i=0;i<=2;i++)
    {
        for(j=0;j<=1;j++)
        printf ("%5d",b[i][j]);
        printf ("\n");
    }
}
```

运行结果如下：

```
array a:
    1    2    3
    4    5    6
array b:
    1    4
    2    5
    3    6
```

◉ **【例 7.6】** 有一个 3×4 的矩阵，求出其中最大值以及它所在位置。

```
main( )
{
    int   i,j,max,row=0,col=0;
    int   a[3][4]={{2,14,-6,8},{3,7,9,21},{-9,16,0,5}};
    max=a[0][0];
    for(i=0;i<=2;i++)
      for(j=0;j<=3;j++)
        if(a[i][j]>max)
        {
          max=a[i][j];
          row=i;col=j;
        }
    printf ("max=%d, row=%d, col=%d\n", max, row, col);
}
```

程序的输出结果为：

max=21, row=1, col=3

◉ **【例 7.7】** 某班有 20 名学生，每名学生有 5 门课的成绩，分别求出每门课的平均成绩和每个学生的平均成绩。

```
main( )
{
    int   i,j;
    float score[21][6]={0};
    for(i=1;i<=20;i++)
      for(j=1;j<=5;j++)
      {
          scanf ("%f",&a[i][j]);
          score[i][0]+=score[i][j];
          score[0][j]+=score[i][j];
      }
    printf ("average of student is:\n");
    for(i=1;i<=20;i++)
      printf ("%d：%6.2f \n",i,sccore[i][0]/5);
    printf ("average of course is:\n");
    for(i=1;i<=5;i++)
      printf (" %d：%6.2f \n",i,score[0][i]/20);
}
```

7.3　字符数组的定义和引用

7.3.1　字符数组的定义

1）一维字符数组的格式

类型说明符　数组名［常量表达式］；

例如：char str[10]；

定义 str 为一维字符数组，该数组包含 10 个元素，最多可以存放 10 个字符型数据。

2）二维字符数组的格式

类型说明符　数组名［常量表达式 1］［常量表达式 2］；

例如：char a[3][20]；

定义 a 为二维字符数组，该数组有 3 行，每行 20 列，该数组最多可以存放 60 个字符型数据。

在 C 语言中，很多情况下字符型与整型是通用的，因此，字符型数组也可以这样定义：

  int str[10]；

  int a[3][20]；

注意：字符型数据在内存中是以 ASCII 码方式存储的，在字符数组中也是如此。

7.3.2　字符数组的初始化

字符数组的初始化方式与其他类型数组的初始化方式类似。

（1）逐个元素赋初值，如：

  char s[5]=｛'C','h','i','n','a'｝；

（2）如果初值的个数多于数组元素的个数，则按语法错误处理。

（3）如果初值的个数少于数组元素的个数，则 C 编译系统自动将未赋初值的元素定为空字符（即 ASCII 码为 0 的字符：'\0'）。

（4）如果省略数组的长度，则系统会自动根据初值的个数来确定数组的长度。

例如：char c[ ]=｛ 'H', 'o', 'w', ' ', 'a', 'r', 'e', ' ', 'y', 'o', 'u', '?'｝；

数组 c 的长度自动设定为 12。

（5）二维数组也可以进行初始化。

7.3.3　字符数组的引用

【例 7.8】　输出一个字符串。

```
main( )
{
    char c[10]=｛'I', ' ', 'a', 'm', ' ', 'h', 'a', 'p', 'p', 'y'｝；
```

```
        int i;
        for(i=0;i<10;i++)
        printf ("%c",c[i]);
        printf ("\n");
    }
```

程序运行结果：

I am happy

▶ 【例 7.9】 输出钻石图形。

```
 main( )
 {
     char c[5][5]={{' ',' ','*'},{' ','*',' ','*'},{'*',' ',' ',' ','*'},
                     {' ','*',' ','*'},{' ',' ','*'}};
     int i, j;
     for(i=0;i<5;i++)
        for(j=0;j<5;j++)
            printf ("%c",c[i][j]);
     printf ("\n");
 }
```

程序的运行结果为：

```
    *
   * *
 *     *
   * *
    *
```

7.3.4 字符串

1）字符串和字符串结束标志

字符串常量是用双引号括起来的一串字符。

C 语言系统在处理字符串时，一般会在其末尾自动添加一个'\0'作为结束符。

2）用字符串常量给数组赋初值

可以用字符串常量来使字符数组初始化。

例如：char c[ ]={"student"};

也可以省略大括号而直接写成 char c[ ]="student";

7.3.5 字符数组的输入与输出

1）将数组元素逐个输入与输出

即用格式符"%c"输入或输出一个字符。

【例 7.10】 从键盘读入一串字符，将其中的大写字母转换成小写字母后输出该字符串。

```
main( )
{
    char s[80];
    int i=0;
    for(i=0;i<80;i++)
    {
        scanf ("%c", &s[i]);
        if(s[i]= ='\n')  break;
        else  if(s[i]>= 'A'&&s[i]<= 'Z')  s[i]+=32;
    }
    s[i]='\0';
    for(i=0;s[i]! ='\0';i++)
        printf ("%c", s[i]);
    printf ("\n");
}
```

运行该程序两次。

第一次输入：

ProGram↙

程序运行结果为：

program

第二次输入：

HOW DO YOU DO? ↙

程序运行结果为：

how do you do?

2）将字符数组整体输入或输出

即用格式符"%s"控制字符串的输入与输出。

【例 7.11】 将上例改写成整体输入输出形式。

```
main ( )
{
    char s[80];
    int i;
    scanf ("%s", s);
    for(i=0;s[i]! = '\0';i++)
        if(s[i]>= 'A'&&s[i]<= 'Z')  s[i]+=32;
    printf ("%s", s);
}
```

注意：

（1）用"%s"格式符读入字符串时，scanf 函数中的地址项是数组名，不要在数组名前加取地址符号'&'，因为数组名本身就是地址（在后面的内容中将介绍）。

（2）用"%s"格式符输出字符串时，printf 函数中的输出项是字符数组名，而不是数组元素。如果写成下面的形式是错误的："printf（"%s"，s[0]）;"。

（3）以 scanf（"%s"，数组名）；形式读入字符串时，遇空格或回车都表示字符串结束，系统只是将第一个空格或回车前的字符置于数组中，例如有如下语句：

char s[13];

scanf（"%s"，a）;

则输入为：

How are you? ↙

7.3.6　字符串处理函数

在 C 的库函数中提供了一些字符串处理函数，使用它们可以很方便地处理字符串，如输入、输出、拷贝、连接、比较、测试长度等。

1）字符串输出函数：puts

格式：puts（字符数组名）；

功能：将一个字符串输出到终端，字符串中可以包含转义字符。

例如 ：char s[ ]= "China\nBeijing";

　　　　puts(s);

输出结果是：

China

Beijing

注意：puts 函数会将字符串结束标志'\0'转换成'\n'，即在输出完字符串后换行。

2）字符串读入函数：gets

格式：gets（字符数组名）

功能：从终端读入一个字符串到字符数组。该函数可以读入空格，遇回车结束输入。

例如：char s[20];

　　　gets(s);

　　　puts(s);

运行时输入：

How do you do? ↙

输出结果为：

How do you do?

3）字符串连接函数：strcat

格式：strcat（字符数组1，字符数组2）；

功能：将字符数组 2 中的字符串连接到字符数组 1 中的字符串的后面，结果放在字符数组 1 中。

例如：char s1[14]＝"China　"，s2[ ]＝"Beijing"；
　　　　strcat (s1，s2)；
　　　　printf ("％s"，s1)；
输出结果为：
China Beijing
说明：使用 strcat 函数时，字符数组 1 应足够大，以便能容纳连接后的新字符串。

4）字符串拷贝（复制）函数：**strcpy**

格式：strcpy（字符数组 1，字符数组 2）；
功能：将字符数组 2 中的字符串拷贝到字符数组 1 中。
例如：char s1[8]，s2[ ]＝"China"；
　　　　strcpy (s1，s2)；
　　　　puts(s1)；
程序段的输出结果是：
China
说明：
（1）字符数组 1 的长度应大于或等于字符数组 2 的长度，以便容纳被复制的字符串。
（2）字符数组 1 必须写成数组名的形式（如本例中的 s1），字符数组 2 也可以是一个字符串常量。
例如：char s1[8]；
　　　　strcpy (s1，"China")；
其结果与上例相同。
（3）执行 strcpy 函数后，字符数组 1 中原来的内容将被字符数组 2 的内容（或字符串）所代替。
（4）不能用赋值语句将一个字符串常量或字符数组直接赋给另一个字符数组。下面的用法是错误的：
　　　　char s1[8]，s2[ ]＝"China"；
　　　　s1＝s2；
在进行字符串的整体赋值时，必须使用 strcpy 函数。

5）字符串比较函数：**strcmp**

格式：strcmp（字符串 1，字符串 2）；
功能：比较两个字符串的大小。
例如：strcmp (s1，s2)；
　　　　strcmp ("Beijing"，"Shanghai")；
　　　　strcmp (s1，"China")；
比较的结果由函数值带回。
说明：
（1）如果字符串 1 等于字符串 2，则函数值为 0。
（2）如果字符串 1 大于字符串 2，则函数值为一个正整数（第一个不相同字符的 ASCII

码值之差）。

（3）如果字符串 1 小于字符串 2，则函数值为一个负整数。

注意：比较两个字符串是否相等时，不能采用以下形式：

  if（s1＝＝s2） printf（″yes″）；

而只能用

  if（strcmp（s1，s2）＝＝0） printf（″yes″）；

6）测试字符串长度函数：strlen

格式：strlen（字符数组名）

功能：测试字符数组的长度，函数值为字符数组中第一个′\0′前的字符的个数（不包括′\0′）。

例如：char s[10]＝″China″；

   printf（″%d″，strlen（s））；

输出结果为：5

7）字符串小写函数：strlwr

格式：strlwr（字符串）；

功能：将字符串中的大写字母转换成小写字母。

8）字符串大写函数：strupr

格式：strupr（字符串）；

功能：将字符串中的小写字母转换成大写字母。

7.3.7　字符数组应用举例

【例 7.12】　编程实现两个字符串的连接（不用 strcat 函数）。

```
main( )
{
    char s1[80],s2[80];
    int   i,j;
    gets（s1）;gets（s2）;                /＊读入两个字符串＊/
    for(i=0;s1[i]!＝'\0';i++);        /＊找到第一个字符串'\0'的位置＊/
        for(j=0;s2[j]!＝'\0';i++,j++)
            s1[i]=s2[j];                /＊连接 s2 到 s1 的后面＊/
    s1[i]='\0';                /＊在连接后的 s1 中添加字符串结束标志'\0'＊/
    puts(s1);
}
```

程序运行时输入：

I am a ✓

Student. ✓

运行结果是：

I am a student.

◎ 【例 7.13】 找出 3 个字符串中的最大者。

```
main( )
{
    char string[20];
    char str[3][20];
    int i;
    for(i=0;i<3;i++)
        gets(str[i]);
    if(strcmp(str[0],str[1])>0)   strcpy (string,str[0]);
    else strcpy (string,str[1]);
    if(strcmp(str[2],string)>0)   strcpy (string,str[2]);
    printf ("\nthe largest string is :\n%s\n",string);
}
```

运行时输入：

CHINA↙

AMERICA↙

JAPAN↙

运行结果是：

the largest string is ：

JAPAN

本章小结

本章主要介绍了数组这一特殊的数据结构。数组由数组元素构成，在计算机内存中占据一片连续的存储单元。在同一个数组中存储的数据应具有相同的类型。可以用不同的下标来访问数组元素。

数组分为一维数组和多维数组，在处理实际问题时，数组是一种非常有用的数据结构。在使用数组时应遵循先定义、后使用的原则。数组一般不能整体引用，也不能越界使用数组元素，可以用循环结构很方便地访问数组元素。

字符串在计算机内存中一般是以字符数组的方式存在，'\0'称为字符串结束标志，可以用字符串处理函数来处理字符串的连接、复制、比较等操作。

巩固练习

【题目】

1. 求一维数组的最大值、最小值以及平均数。一维数组由编程者在源程序中定义、赋初值。

2. 用冒泡法对一维数组进行排序。一维数组由编程者在源程序中定义、赋初值。

3. 判别一维整数数组中各元素的值，若大于等于 60，则输出"成绩及格"，否则输出"成绩不及格"。一维数组由编程者在源程序中定义、赋初值。

4. 把数组名作为函数的形参，判断一个整数数组中各元素的值，若大于等于 60，则输出"成绩及格"，否则输出"成绩不及格"。

5. 计算二维数组各个元素的总和。二维数组由编程者在源程序中定义、赋初值。

【参考答案】

1.
```c
#include <stdio.h>
#include <stdlib.h>
int main()
{   int i,a[10]={10,2,9,18,16,7,4,1,11,12};
    int max=a[0],min=a[0];/*假设数组的首元素为最小值和最大值*/
    int sum=0;
    for(i=1;i<10;i++)
    {
/*如果当前的最大值比数组第i个元素小,那么最大值换为a[i]*/
        if(max<a[i])
            max =a[i];
/*如果当前的最小值比数组第i个元素大,那么最小值换为a[i]*/
        if(min>a[i])
            min =a[i];
        sum+=a[i]; /*计算数组的总和*/
    }
    printf("数组的最大值=%d,最小值=%d,平均数=%d\n",max,min,sum/10);
    return 0;
}
```

2.
```c
#include <stdio.h>
#include <stdlib.h>
int main(){
    int i,j,temp,a[5]={5,4,3,2,1};
    for(i=0;i<5;i++)
    { for(j=0;j<5-i-1;j++)
    {
            if(a[j]>a[j+1])
    {       temp=a[j];
            a[j]=a[j+1];
            a[j+1]=temp;
```

```c
            }
        }
    }
    printf("排序后:\n");
    for(i=0;i<5;i++){
        printf("第 a[%d]=%d\n",i,a[i]);
    }
    return 0;
}
```

3.
```c
#include <stdio.h>
#include <stdlib.h>
void result(int num,int score){
    if(score>=60)
        printf("%d 的成绩及格\n",num);
    else
        printf("%d 的成绩不及格\n",num);
}
int main()
{
    int a[5]={67,78,56,46,89};
    int i;
    for(i=0;i<5;i++){
        result(i,a[i]);
    }
    return 0;
}
```

4.
```c
#include <stdio.h>
/* 函数声明必须定义为参数是一个数组 */
void result(int scores[],int num);
int main()
{
    int a[5]={67,78,56,46,89};
    /* 函数调用时只需传递数组名。 */
    result(a,5);
    return 0;}
```

```c
/* 在函数定义中,形参的类型必须与数组的相同,数组的大小不必指定。 */
void result(int scores[],int num)
```

```c
{ int i;
    for(i=0;i<num;i++)
    { if(scores[i]>=60)
            printf("%d 的成绩及格\n",i);
        else
            printf("%d 的成绩不及格\n",i);
    }
}
```

5.
```c
#include <stdio.h>
/* 定义数组的列数与行数 */
#define ROW 3
#define COL 3
/* 函数声明,必须指定数组第二维的大小。 */
double sum(double scores[][COL]);
int main()
{
double a[3][3]={{67,78,56},{46,89,77},{67,84,57}};
/* 函数调用时只需传递数组名。 */
    printf("sum=%.2lf\n",sum(a));
    return 0;
}
/* 在函数定义中,必须使用两个方括号以表明数组为二维的 */
double sum(double scores[][COL])
{
    int i,j;
    double total=0;
    for(i=0;i<ROW;i++)
    {
        for(j=0;j<COL;j++)
        {
            total+=scores[i][j];
        }
    }
    return total;
}
```

第 8 章

函 数

本章所介绍的项目是：儿童数学能力测试系统。编写训练儿童加、减、乘、除数学计算能力的程序。

程序应该能自动生成加法、减法、乘法和除法运算的算术表达式，并且通过学生输入的答案判断结果是否正确，然后给出提示。在用户选择结束程序时，可以统计共回答了多少题，得分为多少。

【要点解析】

根据程序功能，可以将总程序分为 5 个模块，即：

add：随机输出加法表达式并判断答案是否正确。

sub：随机输出减法表达式并判断答案是否正确。

mul：随机输出乘法表达式并判断答案是否正确。

divi：随机输出除法表达式并判断答案是否正确。

mark：统计答题数目和得分情况。

一个较大的程序一般应分为若干个程序模块，每一个模块用来实现一个特定的功能，所有的高级语言中都有子程序这个概念，用子程序来实现模块的功能。

在 C 语言中，子程序的作用是由函数来完成的。一个 C 程序可由一个主函数和若干个函数构成。由主函数来调用其他函数，其他函数也可以互相调用。同一个函数可以被一个或多个函数调用任意多次。

8.1　函数及库函数

一个简单的例子。

main( )

```
{
    printstar( );                          /* 调用 printstar 函数 */
    print_message( );                      /* 调用 print_message 函数 */
    printstar( );                          /* 调用 printstar 函数 */
}
 printstar( )                              /* pirntstar 函数 */
{
    printf(" *****************\n");
}
 print_message( )                          /* print_message 函数 */
{
    printf("How do you do! \n");
}
```

运行情况如下：

```
*****************
```

　How do you do！

```
*****************
```

说明：在本例题中，printstar 和 print _ message 都是用户定义的函数名，分别用来输出一排星号和一行信息。

现对函数在程序中的使用作几点说明。

(1) 一个源程序文件由一个或多个函数组成。一个源程序文件是一个编译单位，即以源文件为单位进行编译，而不是以函数为单位进行编译。

(2) 一个 C 程序由一个或多个源程序文件组成。

(3) C 程序的执行从 main 函数开始，调用其他函数后流程回到 main 函数，再在 main 函数中结束整个程序的运行。main 函数是系统定义的。

(4) 所有函数都是平行的，即在定义函数时是互相独立的，一个函数并不从属于另一函数，即函数不能嵌套定义，但可以互相调用，但不能调用 main 函数。

(5) 从用户的角度看，函数有以下两种：

① 标准函数，即库函数；

② 用户自己定义的函数，以解决用户的专门需要。

(6) 从函数的形式看，函数分为以下两类：

① 无参函数，如本例题中的 printstar 和 print _ message 就是无参函数；

② 有参函数，在调用函数时，在主调函数和被调用函数之间有参数传递。

库函数是把函数放到库里，供别人使用的一种方式。其方法是把一些常用的函数编完，然后放到一个文件里，供不同的人进行调用。调用的时候把它所在的文件名用 ♯ in-clude〈〉 或 ♯ include"" 加到里面就可以了。在 C 语言中常用的库函数有 stdio. h、math. h 等。

8.2 函数定义的一般形式

8.2.1 问题的提出

◎ 【例8.1】 求两数之和。

```
main( )
{
    float a,b,c;
    float add(float,float);            /*对被调函数的说明*/
    scanf("%f,%f",&a,&b);
    c=add(a,b);
    printf("sum=%f\n",c);
}
 float add(x,y)
 float x,y;
{
    float z;
    z=x+y;
    return(z);
}
```

运行结果：

8.2,6.5↙

sum is 14.700000

8.2.2 无参函数的定义形式

类型标识符　函数名 （）
{
　　　说明部分
　　　语句
}

用"类型标识符"指定函数值的类型，即函数带回来的值的类型。无参函数一般不需要带回函数值，因此可以不写类型标识符，printstar 和 print＿message 就是如此。

8.2.3 有参函数定义的一般形式

类型标识符　函数名（形式参数表列）
形参说明

```
{
    说明部分
    语句
}
```

例如：float add(x,y)
　　　float x,y;
　　　{
　　　　float z;   /＊函数体中的说明部分＊/
　　　　z＝x＋y;
　　　　return(z);
　　　}

注意：

(1) 第二行"float x，y;"是对形式参数作类型说明，指定 x 和 y 为单精度型。花括弧内是函数体，它包括说明部分和语句部分。

(2) "float z;"必须写在花括弧内，而不能写在花括弧外。

(3) 不能将第二、三行合并写成"float x，y，z;"。形式参数的说明应在函数体外。

(4) 在函数体的语句中求出 z 的值（为 x 与 y 的和），return 语句的作用是将 z 的值作为函数值带回到主调函数中。

return 后面括弧中的值作为函数带回的值（或称函数返回值）。在函数定义时已指定 add 函数为实型，在函数体中定义 z 为实型，二者是一致的，将 z 作为函数 add 的值带回调用函数。

8.2.4　空函数

也可以有"空函数"，它的形式为：
　　类型说明符　函数名（）
　　{ }
例如：dummy（）
　　　{ }
调用此函数时，什么工作也不做，没有任何实际作用，所以称为空函数。

8.3　函数参数和函数的值

8.3.1　形式参数、实际参数及参数传递

"形式参数"：在定义函数时函数名后面括弧中的变量名。
"实际参数"：用函数时，函数名后面括弧中的表达式。

◉【例 8.2】 函数的使用。
main()
{

```
        int a,b,c;
        scanf("%d%d",&a,&b);
        c=max(a,b);
        printf("Max is %d",c);
    }
    max(x,y)
    int x,y;
    {
        int z;
        z=x>y? x:y;
        return(z);
    }
```

运行情况如下：

7,8↙

Max is 8

关于形参与实参的说明。

（1）定义函数时指定的形参变量，在未出现函数调用时，它们并不占用内存中的存储单元。只有在发生函数调用时，函数中的形参才被分配内存单元。在调用结束后，形参所占的内存单元也被释放。

（2）实参可以是常量、变量和表达式，如："max=（3，a+b)；"，但要求它们有确定的值。在调用时将实参的值赋给形参变量。

（3）定义的函数中，必须指定形参的类型。

（4）实参与形参的类型应相同或赋值兼容。

（5）C语言规定，实参变量对形参变量的数据传递是"值传递"，即单向传递，只能由实参传给形参，而不能由形参传回来给实参。在内存中，实参单元与形参单元是不同的单元。

（6）ANSI新标准允许使用另一种方法对形参类型作说明，即在列出"形参表列"时，同时说明形参类型。

        例如：int max（int x，int y）
            {……}
        相当于：int max（x，y）
                int x，y；
                {……}
        又如：float fun（array，n）
                int array［10］，n；
        可以写成：float fun（int array［10］，int n）
    这两种用法等价，都可以使用。

8.3.2 函数的返回值

通常，希望通过函数调用使主调函数能得到一个确定的值，这就是函数的返回值。

（1）函数的返回值是通过函数中的return语句获得的。return语句后面的括弧也可以不要，如"return z;"，它与"return（z）;"等价。

（2）函数值的类型。在定义函数时指定函数值的类型。

例如：int max（iny x，int y）　　　　函数值为整型

　　　char letter（char c1，char c2）　　函数值为字符型

　　　double min（float x，float y）　　函数值为双精度型

在定义函数时对函数值说明的类型，一般应该和 return 语句中的表达式类型一致。

（3）函数值的类型和 return 语句中，如果表达式的值的类型不一致，则以函数类型为准。对数值型数据，可以自动进行类型转换，即函数类型决定返回值的类型。

◉ **【例 8.3】** 将例 8.2 稍做改动（注意是变量的类型改动）。

```
main( )
{
    float a,b;
    int c;
    scanf("%f,%f",&a,&b);
    c=max(a,b);
    printf("Max is %d\n",c);
}
max(float x,float y)
{
    float z;
    z=x>y? x:y;
    return(z);
}
```

运行情况如下：

1.5,2.5↙

Max is 2

（4）如果被调用函数中没有 return 语句，则不带回一个确定的、用户所希望得到的函数值。实际上，函数并不是不带回值，而只是不带回有用的值，带回的是一个不确定的值。

（5）为了明确表示"不带回值"，可以用"void"定义"无类型"（或称"空类型"）。为使程序减少出错，保证正确调用，凡不要求带回函数值的函数，一般应定义为"void"类型。

8.4　函数的调用及说明

8.4.1　问题的提出

输出 n 的阶乘值，n 由键盘输入，程序如下：

```
main( )
{
```

```
        int n;
        float f;
        float fac(int );
        scanf("%d",&n);
        f=fac(n);
        printf("%d! =%f\n",n,f);
}
 float fac(int s)
{
        float fa=1;
        for(i=1;i<s;i++)
            fa=fa*i;
        return(fa);
}
```

8.4.2　函数调用的一般形式

函数调用的一般形式为：
　　　　函数名（实参表列）；
如果是调用无参函数，则实参表列可以没有，但括弧不能省略，如"printstar（）;"。

8.4.3　函数调用的方式

按函数在程序中出现的位置来分，可以有以下三种函数调用方式。
（1）函数语句
把函数调用作为一个语句。如"printstar（）;"，这时不要求函数带回值，只要求函数完成一定的操作。
（2）函数表达式
函数出现在一个表达式中，这种表达式称为函数表达式。这时要求函数带回一个确定的值，以参加表达式的运算。例如"c=2*max（a，b）;"，函数max是表达式的一部分，它的值乘2再赋给c。
（3）函数参数
函数调用作为一个函数的实参。例如"m=max（a，max（b，c））;"。

8.4.4　对被调用函数的说明

在一个函数中调用另一函数（即被调用函数）需要具备以下条件。
（1）首先被调用的函数必须是已经存在的函数。
（2）如果使用库函数，一般还应该在本文件开头用♯include命令，将调用有关库函数时所用到的信息包含在本文件中。

（3）如果使用用户自己定义的函数，而且该函数与调用它的函数（即主调函数）在同一个文件中，则一般还应该在主调函数中，对被调用函数的返回值的类型作说明。这种类型说明的一般形式为：

类型标识符　被调用函数的函数名（）

C 语言规定：在以下几种情况下，可以不在调用函数前对被调用函数作类型说明。

（1）如果函数的值（函数的返回值）是整型或字符型，则可以不必进行说明，系统对它们将自动按整型进行说明。

（2）如果被调用函数的定义出现在主调函数之前，则可以不必加以说明。因为编译系统已经先知道了已定义的函数类型，会自动处理的。

（3）如果已在所有函数定义之前，在文件的开头，在函数的外部说明了函数类型，则在各个函数中不必对所调用的函数再作类型说明。

8.5　函数的嵌套调用

◉【例 8.4】　函数的嵌套调用。

```
main( )                          a2( )
{                                {
  a1( );                           printf("22222222\n");
  a3( );                         }
  printf("44444444\n");
}                                a3( )
a1( )                            {
{                                  printf("33333333\n");
  printf("11111111\n");          }
  a2( );
}
```

运行结果：

11111111
22222222
33333333
44444444

说明：C 语言不能嵌套定义函数，但可以嵌套调用函数。

8.6　函数的递归调用

◉【例 8.5】　用递归方法求 n！

```
float fac (n)
int n;
```

```
{
    float f;
    if(n<0)   printf("n<0,data error!");
    else if(n==0 || n==1)   f=1;
    else   f=fac(n-1) * n;
    return(f);
}
main( )
{
    int n;
    float y;
    printf("input a integer number: ");
    scanf("%d",&n);
    y=fac(n);
    printf("%d! =%15.0f",n,y);
}
```

运行情况如下：

input an integer number:10↙

10! =   3628800

说明：在调用一个函数的过程中又出现直接或间接地调用该函数本身，称为函数的递归调用。

8.7　数组作为函数参数

8.7.1　数组元素做实参

【例 8.6】　数组元素做实参。

有两个数组 a、b，各有 10 个元素，将它们对应地逐个相比（即 a[0] 与 b[0] 比，a[1] 与 b[1] 比，……）。如果 a 数组中的元素大于 b 数组中相应元素的数目多于 b 数组中元素大于 a 数组中相应元素的数目（例如，a[i]>b[i] 6 次，b[i]>a[i] 3 次，其中 i 每次为不同的值），则认为 a 数组大于 b 数组，并分别统计出两个数组相应元素大于、等于、小于的次数。

```
main()
{
    int a[10],b[10],i,n=0,m=0,k=0;
    printf("enter array a:\n");
    for(i=0;i<10;i++)
        scanf("%d",&a[i]);
    printf("\n");
```

```
        printf("enter array b:\n");
        for(i=0;i<10;i++)
            scanf("%d",&b[i]);
        printf("\n");
        for(i=0;i<10;i++)
    {
            if (large(a[i],b[i])==1)   n=n+1;
            else if (large (a[i],b[i])==0)   m=m+1;
            else k=k+1;
    }
        printf("a[i]>b[i]%d times \na[i]=b[i]%d times\na[i]<b[i] %d times\n",n,m,k );
        if(n>k)   printf("array a is large than array b\n");
        else if(n<k)   printf("array a is smaller than array b\n");
        else   printf("array a is equal to array b\n");
    }
    large(int x,int y)
    {
        int flag;
        if(x>y)   flag=1;
        else if(x<y)   flag=-1;
        else   flag=0;
        return(flag);
    }
```

运行情况如下：

enter array a:

1 3 5 7 9 8 6 4 2 0↙

enter array b:

5 3 8 9 -1 -3 5 6 0 4↙

a[i]>b[i] 4 times

a[i]=b[i] 1 times

a[i]<b[i] 5 times

array a is smaller than array b

8.7.2 数组名用作函数参数

◎【例8.7】 有一个一维数组 score，内放 10 个学生成绩，求平均成绩。

```
    float average(float array[10])
    {
        int i;
        float aver,sum=array[0];
```

```
        for(i=1;i<10;i++)
        sum=sum+array[i];
        aver=sum/10;
        return(aver);
    }
    main( )
    {
        float score[10],aver;
        int i;
        printf("input 10 scores:\n");
        for(i=0;i<10;i++)
            scanf("%f",&score[i]);
        printf("\n");
        aver=average(score);
        printf("average score is %5.2f",aver);
    }
```

运行情况如下：

input 10 scores

100 56 78 98.5 76 87 99 67.5 75 97↙

average score is   83.40

说明：

（1）用数组名作函数参数，应该在主调函数和被调用函数中分别定义数组，在例8.7中，array是形参数组名，score是实参数组名，分别在其所在函数中定义，不能只在一方定义。

（2）实参数组与形参数组类型应一致，如不一致，结果将出错。

（3）实参数组和形参数组大小可以一致，也可以不一致，C编译对形参数组大小不做检查，只是将实参数组的首地址传给形参数组。

（4）形参数组也可以不指定大小，在定义数组时在数组名后面跟一个空的方括弧。为了在被调用函数中处理数组元素的需要，可以另设一个参数，传递数组元素的个数。

◎【例8.8】 函数的调用。

```
    float average(float array[ ],int n)
    {
        int i;
        float aver,sum=array[0];
        for(i=1;i<n;i++)
            sum=sum/n;
        return(aver);
    }
    main( )
    {
```

```
static float score_1[5]={98.5,97,91.5,60,55};
static float score_2[10]={67.5,89.5,99,69.5,77,89.5,76.5,54,60,99.5};
printf("the average of class A is %6.2f\n",average(score_1,5));
printf("the average of class B is %6.2f\n",average(score_2,10));
}
```

运行结果如下：

the average of class A is   80.40

the average of class B is   78.20

从例 8.8 可以看出，两次调用 average 函数时数组大小是不同的，在调用时用一个实参传递数组大小（传给形参 n），以便在 average 函数中对所有元素都访问到。

（5）最后应该强调一点：用数组名作函数参数时，不是把数组的值传递给形参，而是把实参数组的起始地址传递给形参数组，这样两个数组就共占同一段内存单元。

◎ **【例 8.9】** 用选择法对数组中 10 个整数按由小到大的顺序排序。所谓选择法排序就是：先将 10 个数中最小的数与 a[0] 对换；再将 a[1]～a[9]中最小的数与 a[1]对换；……每比较一轮，找出一个未经排序的数中最小的一个。共应比较 9 轮。

```
void sort(int array[ ],int n)
{
    int i,j,k,t;
    for(i=0;i<n-1;i++)
    {
        k=i;
        for(j=i+1;j<n;j++)
            if(array[j]<array[k])   k=j;
    }
    if(k!=i)
    { t=array[k];array[k]=array[i];array[i]=t; }
}
main( )
{
    int a[10],i;
    printf("enter the array\n");
    for(i=0;i<10;i++)
        scanf("%d",&a[i]);
    sort(a,10);
    printf("the sorted array :\n");
    for(i=0;i<10;i++)
        printf("%d",a[i]);
    printf("\n");
}
```

8.7.3 用多维数组名作函数实参

可以用多维数组名作为实参和形参，在被调用函数中对形参数组定义时，可以指定每一维的大小，也可以省略第一维的大小说明。

【例 8.10】 有一个 3×4 的矩阵，求其中的最大元素。

```
max_value(int array[ ][4])
{
    int i,j,k,max;
    max=array[0][0];
    for(i=0;i<3;i++)
        for(j=0;j<4;j++)
            if(array[i][j]>max)   max=array[i][j];
    return(max);
}
main( )
{
    static int a[3][4]={{1,3,5,7},{2,4,6,8},{15,17,34,12}};
    printf("max value is %d\n",max_value(a));
}
```

程序运行结果如下：

max value is 34

本章小结

在程序中使用函数，增加了程序的可读性，使程序在编写时更加简单，模块性更强。本章详细介绍了在 C 程序设计时使用函数的基本方法。

（1）函数定义及调用部分，介绍了函数定义的格式，主要有无参和有参两种，在调用时强调函数返回值应与函数类型说明一致，若无返回值则应定义为 void 类型。

（2）在数组作函数参数时，有两种形式：一种是数组元素作函数实参，用法与变量相同；另一种是数组名作实参和形参，传递的是数组的首地址。

巩固练习

【题目】

1. 使用函数实现：输入一个数 x，求 x 的立方。

2. 使用函数实现：求三个数中最大值与最小值的差。

3. 使用函数实现：将一维数组倒序输出。在复合语句中定义了局部变量 temp，一维数组由编程者在源程序中定义并赋初值。

4. 使用函数实现：计算从 1 到 n 的和。

5. 使用函数实现：求圆的面积。圆周率近似取 3.14，圆的半径由程序使用者在运行程序时输入。

6. 输入一个正整数序列，以相反的顺序输出该序列，以函数递归调用的方法实现。

7. 使用函数实现：有一个 4×3 的矩阵，求其中元素的最小值。矩阵由编程者在源程序中定义并赋初值。

8. 综合性拓展题，使用函数完成学生管理系统的以下功能：

(1) 显示功能菜单。

(2) 添加学生信息。

(3) 查找学生信息。

(4) 计算学生平均成绩。

(5) 计算各科成绩最高分。

(6) 显示所有学生成绩信息。

【参考答案】

1.

```c
#include <stdio.h>
#include <stdlib.h>
float cube(float  x)
{
    return(x * x * x);
}
int main()
{
    float  a,cu;
    printf("请输入 a:");
    scanf("%f",&a);
    cu=cube(a);
    printf("Cube of %.2f is %.2f\n",a,cu);
    return 0;
}
```

2.

```c
#include <stdio.h>
int sub(int x,int y,int z);
int max(int x,int y,int z);
int min(int x,int y,int z);
int main()
{   int a,b,c,d;
    scanf("%d%d%d",&a,&b,&c);
    d=sub(a,b,c);
    printf("Max-Min=%d\n",d);
```

```
}
int sub(int x,int y,int z)
{
    return max(x,y,z)-min(x,y,z);
}
int max(int x,int y,int z)
{   int r;
    r=x>y? x:y;
    return(r>z? r:z);
}
int min(int x,int y,int z)
{   int r;
    r=x<y? x:y;
    return(r<z? r:z);
}
```
3.
```
#include <stdio. h>
#include <stdlib. h>
int main()
{
    int i;
    int a[5]= {1,2,3,4,5};
    for(i=0; i<5/2; i++)
    {
        int temp;
        temp=a[i];
        a[i]=a[5-i-1];
        a[5-i-1]=temp;
    }
    for(i=0; i<5; i++)
        printf("%d  ",a[i]);
    printf("\n");
}
```
4.
```
#include <stdio. h>
int s(int n)
{
    int i;
    for(i=n-1;i>=1;i--)
        n=n+i;
```

```
        printf("函数 s 中：n=%d\n",n);
        return 0；
    }
    void main()
    {
        int n；
        printf("请输入一个正整数：\n")；
        scanf("%d",&n)；
        printf("主函数中调用 s 前：n=%d\n",n)；
        s(n)；
        printf("主函数中调用 s 后：n=%d\n",n)；
    }
5.
    #include ⟨stdio. h⟩
    #define PI 3. 14
    void main()
    {
        float x；
        float a；
        float area(float x)；
        printf("请输入圆的半径：\n")；
        scanf("%f",&x)；
        a=area(x)；
        printf("圆的面积为：%. 3f\n",a)；
    }
    float area(float x)
    {
        float a；
        a=PI * x * x；
        return a；
    }
6.
    #include ⟨stdio. h⟩
    void change(int num)
    {
        int n=num；
        if(n<0)
        {
            printf("输入错误！\n")；
            return 0；
```

```
    }
    if(n>=0&&n<=9)                      //若 n 为一位整数
        printf("%d",n);                  //直接输出
    else
    {
        printf("%d",n%10);      //输出 n 的个位数
        change(n/10);            //输出 n 的个位数之外的其他数字
    }
}
void main()
{
    int num;
    printf("请输入一个正整数序列:\n");
    scanf("%d",&num);
    printf("该整数的反向序列为:\n");
    change(num);
    printf("\n");
}
```

7.
```
#include <stdio.h>
int min(int a[][3])
{
    int i,j,m;
    m=a[0][0];
    for(i=0;i<4;i++)
        for(j=0;j<3;j++)
            if(a[i][j]<m)
                m=a[i][j];
    return m;
}
void main()
{
    int array[4][3]={{9,8,7},{7,6,5},{6,5,4},{4,3,2}};
    printf("最小值为:%d\n",min(array));
}
```

8.
```
#include<stdio.h>
#include<conio.h>
#include<string.h>
//以下为自定义函数说明语句
```

```c
void welcome();          //显示欢迎信息
void menu();             //显示功能菜单
void choose();           //选择功能函数
void insert();           //插入学生成绩信息
void search();           //查找学生成绩信息
void total();            //课程信息统计
void del();              //删除学生信息
void print();            //显示学生成绩信息
int max(int s[]);        //计算成绩最大值
int min(int s[]);        //计算成绩最小值
int average(int s[]);    //计算成绩平均值
int no[100]={201201,201202,201203,201204,201205};//学生学号,初始化设置5个学
```
生的信息
```c
char name[100][20]={"Jack","Rose","Lily","Tom","Ming"}; //最大存储100个学生的
```
姓名
```c
int score[100][3]={{69,73,82},{71,90,76},{93,96,89},{70,67,82},{84,88,81}};
//每个学生有三门课,分别为C、Java 和 Datebase
int num=5;               //数组中有效数据长度
int realnum=5;           //学生数目
int on=1;                //标志是否结束程序运行
void main()/*主函数*/
{
    welcome();
    menu();
    while(1){
        choose();
        if(on==0)
        {
            printf("系统运行结束！\n");
            break;
        }
    }
}
//显示欢迎信息
void welcome()
{
    printf("\n|———————————————————|\n");
    printf("|          欢迎使用学生信息管理系统        |\n");
    printf("|———————————————————|\n");
}
```

```c
//显示菜单栏
void  menu()
{
    printf("|————————STUDENT————————|\n");
    printf("|\t  1. 添加学生信息                    |\n");
    printf("|\t  2. 查找学生信息                    |\n");
    printf("|\t  3. 删除学生信息                    |\n");
    printf("|\t  4. 课程成绩统计                    |\n");
    printf("|\t  5. 显示所有学生信息                 |\n");
    printf("|\t  6. 显示功能菜单                    |\n");
    printf("|\t  0. 退出系统                       |\n");
    printf("|—————————————————————|\n\n");
}
//选择要执行的功能
void choose()
{
    int c;
    printf("选择您要执行的功能,0—6:");
    scanf("%d",&c);
    switch(c)
    {
        case 0：
            on=0;
            return;
            break;
        case 1：
            insert();
            break;
        case 2：
            search();
            break;
            case 3：
            del();
            break;
        case 4：
            total();
            break;
        case 5：
            print();
            break;
```

```
        case 6:
            menu();
            break;
    }
}
//添加学生信息
void insert(){
    printf("请输入学生学号,格式为 2012 * * :");
    int x;
    scanf("%d",&x);
    if(x<0||x>201299)
    {
        printf("输入信息不合法! \n");
        return;
    }
    for(int i=0;i<num;i++)
    {
        if(no[i]! =0&&no[i]==x)
        {
            printf("该学号已经存在! \n");
            return;
        }
    }
    no[num]=x;
    printf("输入学生姓名:");
    scanf("%s",&name[num]);
    printf("请输入 C 语言成绩:");
    scanf("%d",&score[num][0]);
    printf("请输入 Java 成绩:");
    scanf("%d",&score[num][1]);
    printf("请输入数据库成绩:");
    scanf("%d",&score[num][2]);
    num++;
    realnum++;
    printf("添加成功! \n");
}
//查找学生信息
void search()
{
    int x;
```

```
        printf("请输入要查询的学生学号:");
         scanf("%d",&x);
        if(x<201201||x>201299)
          {
                printf("您查询的学生不存在！\n");
                return;
          }
        for(int i=0;i<num;i++)
          {
            if(no[i]==x)
                break;
          }
        if(no[i]! =x)
        {
                printf("您查询的学生不存在！\n");
                return;
        }
         else
        {
                printf("学号\t\t 姓名\t\tC 语言\tJava\t 数据库\n");
                printf("%d\t\t",no[i]);
                printf("%s\t\t",name[i]);
                for(int j=0;j<3;j++)
                      printf("%d\t",score[i][j]);
                printf("\n");
        }
}
//删除学生信息
void del()
{
    int x;
    printf("请输入要删除的学生学号:");
    scanf("%d",&x);
    if(x<201201||x>201299)
    {
            printf("您输入的学生信息不存在！\n");
            return;
    }
    for(int i=0;i<num;i++)
    {
```

```
            if(no[i]==x)
                break;
        }
    if(no[i]! =x)
    {
        printf("您输入的学生信息不存在！\n");
        return;
    }
    else
    {
        no[x]=0;
        realnum——;
        printf("删除成功！\n");
    }
}
//统计课程信息
void total()
{
    int i,j;int n=0;
    int score2 [3][100];
    for(i=0;i<num;i++)
    {
        if(no[i]==0)
            continue;
        else
        {
            for(j=0;j<3;j++)
            {
                score2[j][n]=score[i][j];
            }
            n++;
        }
    }
    printf("统计\tC 语言\tJava\t 数据库\n");
    printf("最高分\t%d\t%d\t%d\n",max(score2[0]),max(score2[1]),max(score2[2]));
    printf("最低分\t%d\t%d\t%d\n",min(score2[0]),min(score2[1]),min(score2[2]));
    printf("平均分\t%d\t%d\t%d\n",average(score2[0]),average(score2[1]),average(score2[2]));
```

```
}
//显示学生信息
void print()
{
    printf("共有%d名学生,学生信息如下:\n",realnum);
    int i,j;
    printf("学号\t\t姓名\t\tC语言\tJava\t数据库\n");
    for(i=0;i<num;i++)
    {
        if(no[i]==0)
            continue;
        printf("%d\t\t",no[i]);
        printf("%s\t\t",name[i]);
        for(j=0;j<3;j++)
            printf("%d\t",score[i][j]);
        printf("\n");
    }
    return;
}
int max(int s[])
{
    int maxs;
    int i;
    maxs=s[0];
    for(i=0;i<num;i++)
    {
        if(no[i]==0)
            continue;
        else
        {
            if(maxs<s[i])
                maxs=s[i];
        }
    }
    return maxs;
}
int min(int s[])
{
    int mins;
    int i;
```

```
        mins＝s[0];
        for(i＝0;i<num;i++)
        {
            if(no[i]＝＝0)
                continue;
            else
             {
                if(mins>s[i])
                    mins＝s[i];
             }
        }
         return mins;
    }
    int average(int s[])
    {
         int sum＝0;
        int i;
        for(i＝0;i<num;i++)
        {
            if(no[i]＝＝0)
                continue;
            else
                sum＝sum+s[i];
        }
        return sum/realnum;
    }
```

第 9 章

指 针 >>>

【引导项目】

一个班级有四个学生，共学习 5 门功课。要求编写程序完成下面的三个功能：

① 求出第 5 门功课的平均分；

② 找出有两门以上功课不及格的学生，输出他们的学号和全部课程成绩及平均值；

③ 找出平均成绩在 90 分以上，或者全部课程成绩在 85 分以上的学生。

【要点解析】

指针是 C 语言的一种数据类型，在 C 语言中处于重要的地位。正确、灵活地应用指针，可以有效地表示复杂的数据结构；能动态分配内存；能方便地使用字符串；方便高效地使用数组。程序设计时熟练地应用指针，可以使 C 程序简洁、紧凑，应用效果更好。

9.1 变量的地址和指针

这是一个生活中的例子：比如说你要我借给你一本书，我到了你宿舍，但是你人不在宿舍，于是我把书放在你的 2 层 3 号的书架上，并写了一张纸条放在你的桌上。纸条上写着：你要的书在第 2 层 3 号的书架上。当你回来时，看到这张纸条，你就知道了我借给你的书放在哪了。你想想看，这张纸条的作用，纸条本身不是书，它上面也没有放着书。那么你又如何知道书的位置呢？因为纸条上写着书的位置嘛！其实这张纸条就是一个"指针"。它上面的内容不是书本身，而是书的地址，你通过纸条这个指针找到了我借给你的这本书。

理解了上面的举例，我们就可以学习指针和地址了。

内存只不过是一个存放数据的空间，就好像看电影时在电影院中的座位一样。电影院中的每个座位都要编号，而计算机中的内存要存放各种各样的数据，当然也要知道这些数据存放在什么位置。所以内存也要像座位一样进行编号，这就是 C 语言程序设计的内存编址。

座位可以是遵循"一个座位对应一个号码"的原则，从"第 1 号"开始编号，而内存则是按一个字节接着一个字节的次序进行编址，如图 9.1 所示。

图 9.1　内存编址

指针就是指一个变量的地址，称为该变量的指针。

9.2　变量与指针

9.2.1　指针变量的定义

定义指针的一般形式为：

基类型　*指针变量名

例如：int　　*p1;　　　　　（定义 p1 为指向整型变量的指针变量）

　　　char　　*p2;　　　　　（定义 p2 为指向字符型变量的指针变量）

　　　float　*p3;　　　　　（定义 p3 为指向实型变量的指针变量）

int、char、float 分别称为指针变量 p1、p2、p3 的"基类型"，"基类型"是指针变量所指变量的类型，不是指针变量的类型。

9.2.2　指针变量的赋值

（1）通过取地址运算符（&）获得地址值

单目运算符（&）用来求出运算对象的地址，利用它可以把一个变量的地址赋给指针变量。

例如，有如下定义和赋值：

int　a=10，*p，*q;p=&a;

当有语句："p=&a;"时，"scanf("%d",&a);"和"scanf("%d",p)"是等价的。

（2）通过指针变量获得地址值

可以通过赋值运算，把一个指针变量中的地址值赋给另一个指针变量，从而使这两个指针变量指向同一地址。

例如，若有上面的定义，则语句：q=p;

这样使指针变量 q 中也存放了变量 a 的地址，也就是说指针变量 p 和 q 都指向了整型变量 a。

使用时应注意：赋值号两边指针变量的基类型必须相同。

（3）给指针变量赋"空"值

p=NULL;

NULL 是在 stdio.h 头文件中定义的预定义符，因此在使用 NULL 时，应该在程序的前面出现预定义行：♯ include "stdio.h"。NULL 的代码值为 0。

9.2.3 指针变量的引用

1）间接访问运算符

间接访问运算符为 ＊。

2）间接访问运算符的含义

＊p 表示访问 p 所指向变量的值（p 为指针变量）。

3）间接访问运算符和定义时指针变量中"＊"的区别

例如：int a，＊p；
a＝3；p＝&a；
printf("%d"，＊p)；
指针变量定义中的"＊"和间接访问运算符"＊"有着本质的区别。

（1）当定义一个指针变量时，"＊"只是说明变量为指针变量，是指针变量的标志。

（2）当"＊"作为间接访问运算符时，代表的意义是取指针变量所指向变量里面的内容。

◎ **【例 9.1】** 通过指针变量访问指针变量。
```
main( )
{
    int a，b，＊p1，＊p2；
    a＝5；b＝6；
    p1＝&a；                /＊把变量 a 的地址赋给指针变量 p1＊/
    p2＝&b；                /＊把变量 b 的地址赋给指针变量 p2＊/
    printf("%d，%d\n"，a，b)；
    printf("%d，%d\n"，＊p1，＊p2)；
}
```
程序的运行结果为：

5,6

5,6

说明：

（1）在程序的第 2 行定义了两个指针变量 p1 和 p2，但它们并未指向任何整型变量。在程序的第 4、5 两行将两个整型变量 a 和 b 的地址分别赋给了指针变量 p1 和 p2，使 p1 和 p2 分别指向了 a 和 b。

（2）程序的第 7 行输出的是 ＊p1 和 ＊p2，即指针变量 p1、p2 所指变量，也就是变量 a 和 b。因此，程序中的两个 printf 函数的功能是相同的。

（3）在程序中两次出现 ＊p1 和 ＊p2，它们的意义是不同的。第 2 行出现的 ＊p1 和 ＊p2

表示定义了两个指针变量，它们前面的星号表示 p1 和 p2 是两个指针变量，而第 7 行出现的 * p1 和 * p2 表示的是 p1 和 p2 所指向的变量，即 a 和 b。

（4）注意不要将程序的第 4、5 行写成：

　　　　* p1＝&a；

　　　　* p2＝&b；

因为这样是将 a 和 b 的地址赋给指针变量 p1 和 p2。

◎【例 9.2】　　输入两个整数，按大小顺序输出。

```
main( )
{
    int a, b, * p1, * p2, * p;
    scanf("%d,%d", &a, &b);
    p1=&a; p2=&b;
    if (a<b)
    {    p=p1; p1=p2; p2=p;    }
    printf ("\na=%d,b=%d\n", a, b);
    printf ("max=%d, min=%d\n", * p1, * p2);
}
```

程序运行时输入：

5,9↙

运行结果为：

a＝5，b＝9

max＝9，min＝5

9.3　指针的移动和比较

1）指针的移动

移动指针就是通过赋值运算，使指针变量加上或减去一个整数，使指针变量指向相邻的存储单元。指针每移动一次则移动一个存储单元。

2）指针比较

指针的比较是通过关系运算符来实现的。如图 9.2 所示。

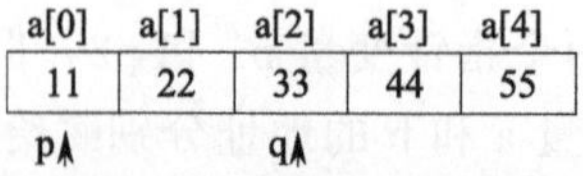

a[0]	a[1]	a[2]	a[3]	a[4]
11	22	33	44	55

p↑　　　　　　q↑

图 9.2　指针的比较

设 p、q 是指向同一数据集合的指针变量，如果 p＞q 表达式的结果为"真"，则表明 p 指针所指向的元素在 q 指针所指向的元素之后，否则，表明 p 指针所指向的元素在 q 指针所指向的元素之前。

p＞q：p 所指单元在 q 之后；p＜q：p 所指单元在 q 之前。

在图 9.2 中，指针 p 指向存储单元 a［0］，指针 q 指向存储单元 a［2］，这时运算表达式 q－p 值为 2。如果执行 "p＋＋"；，则指针 p 向后移动一个存储单元，指向存储单元 "a［1］，q＝q＋2；"，然后将指针 q 向后移动 2 个存储单元，指向存储单元 a［4］。如图 9.3 所示。

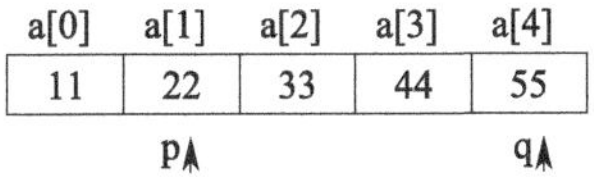

a[0]	a[1]	a[2]	a[3]	a[4]
11	22	33	44	55

图 9.3　指针的移位

9.4　指针变量作为函数参数

函数的参数不仅可以是整型、实型、字符型等数据，还可以是指针类型。它的作用是将指针变量的值（该指针变量所指变量的地址），传送到另一个函数中。

函数调用过程中的参数传递如下。

（1）传值：前面学习的普通变量作实参的函数调用便是传值调用。形参改变时实参不变。

（2）传址：当函数的形参为指针变量时，则调用该函数时，对应的实参也必须是与形参基类型相同的地址值或指针变量，这种函数调用就是传址调用。形参变化时，实参也会改变。

通过以下两个程序进行对比，可以了解传值调用和传址调用时，形参和实参的变化情况。

【例 9.3】　传值调用。

```
void swap(int x,int y)
{
    int t;
    t＝x;x＝y;y＝t;
    printf("%d%d",x,y);
}
main()
{
    int a＝3,b＝4;
    swap(a,b);
    printf("%d%d",a,b);
}
```
运行结果为：4,3
　　　　　　 3,4

【例 9.4】　传址调用。

```
void swap(int * a,int * b)
{
    int t;
    t= * a; * a= * b; * b=t;
}
main()
{
    int a=3,b=4;
    printf("(1)a=%d b=%d\n",a,b);
    swap(&a,&b);
    printf("(2)a=%d b=%d\n",a,b);
}
```
运行结果为(1)a=3　 b=4
　　　　　(2)a=4　 b=3

注意：

(1) 当一个指针变量没有具体指向时，不能给该指针变量所指单元赋值。

(2) 调用函数时，不能企图通过改变形参指针变量的值，而使实参指针变量的值发生变化。

9.5　数组与指针

9.5.1　问题的提出

◎【例9.5】　用指针法对数组进行输入和输出。

```
main( )
{
    int a[10], * p;
    p=&a[0];
    for( ; p<=&a[9]; p++)
        scanf ("%d", p);
    for(p=&a[0]; p<=&a[9]; p++)
        printf ("%d  ", * p);
    printf("\n");
}
```

说明：

(1) 程序的第3行将数组元素a[0]的地址赋给指针变量p，使指针p指向了a[0]这个元素。C语言规定：数组名代表数组的首地址（起始地址），因此下列两条语句等价：

p=&a[0];

p=a;

（2）程序中的第一个循环是将 10 个数读入数组 a 中，第二个循环将数组 a 中的元素输出。请注意两个循环中 p++ 的作用，它每次自加后都指向了下一个元素。以上程序也可以写成下面的形式：

```
main( )
{
    int a[10], * p;
    for(p=a; p<=a+9;p++)
        scanf("%d",p);
    for(p=a; p<=a+9; p++)
        printf("%d ", * p);
    printf("\n");
}
```

程序中 a+9 的值是数组最后一个元素（a[9]）的地址。

9.5.2　指向数组的指针

定义指向数组的指针与定义指向变量的指针类似，其格式为：

基类型　*指针变量名

其中基类型是数组的基类型。

例如：int a [10]，* p1，* p2，* p3，* p4；

要使指针指向数组，可以使用如下语句：

```
p1=&a[0];      /* p1 指向数组元素 a[0] */
p2=a;          /* p2 指向数组元素的首地址,也是指向数组元素 a[0] */
p3=&a[4];      /* p3 指向数组元素 a[4] */
p4=a+4;        /* p4 指向数组元素 a[4] */
```

9.5.3　通过指针引用数组元素

如果定义了一个指向数组 a 的指针 p，则引用数组元素的方法有以下两种。

1）下标法

如我们以前经常使用的 a [i] 等形式。

2）指针法（地址法）

如 *(a+i) 或 *(p+i) 等形式，这种方法是一种通过地址的计算，从而求出数组元素值的方法。

说明：

（1）在用下标法引用数组元素 a [i] 时，C 编译系统对程序编译时，将 a [i] 处理成 *(a+i) 的形式，即按数组的首地址加上相对偏移量，得到要找的元素的地址，然后取出该地址单元中的内容。

（2）在用指针法＊（p+i）引用数组元素时，应该注意当前指针 p 所处的位置，不要使 p+i 的值超越了数组的地址范围。

（3）指针变量的运算比较复杂，下面我们简要介绍一下。

对于下面的定义和语句：

        int ＊p，a [10]；

        p＝a；

① p++（或 p＝p+1）；p 指向下一个元素，即 a [1]。如果再执行＊p，则取出 a [1] 单元中的值。

② ＊p++，由于"++"和"＊"优先级相同，其结合方向是自右至左，因此它等价于＊（p++）。其作用是先得到 p 指向变量的值（即＊p），然后再 p 自加。

③ ＊（p++）与＊（++p）作用不同。前者是先取＊p 的值，后使 p 加 1；后者是先使 p 加 1，再取＊p。

④ （＊p）++表示 p 所指向的元素值加 1，而不是指针 p 自加。

⑤ 如果 p 当前指向 a 数组第 i 个元素，则：

＊（p--）相当于 a [i--]，先对 p 进行"＊"运算，再使某自减。

＊（++p）相当于 a [++i]，先使 p 自加，再作"＊"运算。

＊（--p）相当于 a [--i]，先使 p 自减，再作"＊"运算。

将++和--运算符用于指针变量十分有效，可以使指针变量自动向后或向前移动，指向下一个或上一个元素。

◉【例 9.6】 阅读程序，写出程序的运行结果。

```
main( )
{
    int ＊p1，＊p2，a[5]＝{1，3，5，7，9}；
    for(p1＝a；p1<＝a+4；p1++)
        printf ("%d"，＊p1++)；
    printf("\n")；
    for(p2＝a；p2<＝a+4；p2++)
        printf ("%d"，++(＊p2))；
    printf("\n")；
}
```

程序的运行结果为：

1 5 9

2 4 6 8 10

9.5.4 数组名作函数参数时的指针变量

在 C 程序中，可以用数组名作函数的实参和形参，形参可以是数组名，也可以是指针变量。

◉【例 9.7】 将数组 a 中 n 个整数按相反顺序存放。

```
void inv(int x[ ], int n)
{
    int i, j, t, m;
    m=(n−1)/2;
    for (i=0; i<=m; i++)
    {    j=n−1−i;
        t=x[i]; x[i]=x[j];x[j]=t; }
}
main( )
{
    int i;
    int a[10]={5,3,8,7,2,6,0,9,1,4};
    printf("The original array:\n");
    for (i=0; i<10; i++)
        printf("%d", a[i]);
    printf("\n");
    inv(a, 10);
    printf("The array has been inverted:\n");
    for (i=0; i<10; i++)
        printf("%d", a[i]);
    printf("\n");
}
```

程序运行结果如下:

The original array:

5　3　8　7　2　6　0　9　1　4

The array has been inverted:

4　1　9　0　6　2　7　8　3　5

说明:

(1) 在本程序的 main 函数中, 定义了一个一维数组 a 并赋以初值, 在调用函数时使用了语句: "inv (a, 10);", 表示将数组名 (即数组的首地址) 和数组元素的个数作为实参, 传递给形参变量 x 和 n。在被调函数 inv 中定义 x 为形参数组名, 它得到的是实参数组的首地址, 本例中的 inv 函数的首部, 也可以写成: void inv (int ＊ x, int n), 其作用是相同的。

(2) 在用数组名作为函数的实参时, 形参可以是数组名, 也可以是指针变量; 在用指向数组的指针作为函数的实参时, 形参可以是数组名, 也可以是指针变量。

◎【例 9.8】　　用选择法对 10 个整数排序。

```
void sort(int x[ ], int n)
{
    int i, j, k, t;
    for(i=0; i<n−1; i++)
    {    k=i;
```

```
            for(j＝i+1；j<n；j++)
                if (x[j]>x[k])   k=j；
            if (k！=i) {t=x[i]；x[i]=x[k]；x[k]=t；}
        }
    }
 main( )
 {
     int ＊p，i，a[10]；
     p＝a；
     for(i＝0；i<10；i++)
         scanf("%d"，p++)；              /＊将10个整数读入a数组中＊/
     p＝a；
     sort(p，10)；                       /＊调用sort函数对数组进行排序＊/
     for(p＝a，i=0；i<10；i++)
     {   printf("%d"，＊p)；p++；  }  /＊输出排序后的数组＊/
 }
```

9.6 指向多维数组的指针和指针变量

1) 多维数组的地址

设有整型二维数组 a[3][4]如下：

```
0   1   2   3
4   5   6   7
8   9   10  11
```

它的定义为：int a[3][4]={{0,1,2,3},{4,5,6,7},{8,9,10,11}}

设数组 a 的首地址为 1000，各下标变量的首地址及其值如图 9.4 所示。

1000	1002	1004	1006
0	1	2	3
1008	1010	1012	1014
4	5	6	7
1016	1018	1020	1022
8	9	11	12

图 9.4 下标变量的首地址及其值

前面介绍过，C 语言允许把一个二维数组分解为多个一维数组来处理。因此，数组 a 可分解为三个一维数组，即 a [0]、a [1]、a [2]，每一个一维数组又含有四个元素，如图 9.5 所示。

例如 a [0] 数组，含有 a [0] [0]、a [0] [1]、a [0] [2]、a [0] [3] 四个元素。

数组及数组元素的地址表示如下。

从二维数组的角度来看，a 是二维数组名，a 代表整个二维数组的首地址，也是二维数

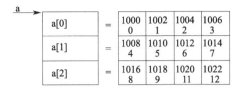

图 9.5　数组的分解

组 0 行的首地址，等于 1000；a+1 代表第一行的首地址，等于 1008。如图 9.6 所示。

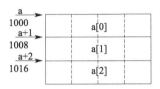

图 9.6　数组及数组元素的地址表示

a [0] 是第一个一维数组的数组名和首地址，因此也为 1000；*(a+0) 或 *a 是与 a [0] 等效的，它表示一维数组 a [0] 0 号元素的首地址，也为 1000；&a [0] [0] 是二维数组 a 的 0 行 0 列元素首地址，同样是 1000。因此，a、a [0]、*(a+0)、*a、&a [0] [0] 是相等的。

同理，a+1 是二维数组 1 行的首地址，等于 1008；a [1] 是第二个一维数组的数组名和首地址，因此也为 1008；&a [1] [0] 是二维数组 a 的 1 行 0 列元素地址，也是 1008。因此 a+1、a [1]、*(a+1)、&a [1] [0] 是等同的。

由此可得出：a+i、a [i]、*(a+i)、&a [i] [0] 是等同的。

此外，&a [i] 和 a [i] 也是等同的。因为在二维数组中不能把 &a [i] 理解为元素 a [i] 的地址，不存在元素 a [i]。C 语言规定，它是一种地址计算方法，表示数组 a 第 i 行首地址。由此，我们得出：a [i]、&a [i]、*(a+i) 和 a+i 也都是等同的。

另外，a [0] 也可以看成是 a [0] +0，是一维数组 a [0] 的 0 号元素的首地址，而 a [0] +1 则是 a [0] 的 1 号元素首地址，由此可得出：a [i] +j 是一维数组 a [i] 的 j 号元素首地址，它等于 &a [i] [j]。如图 9.7 所示。

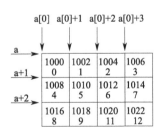

图 9.7　元素的首地址

由 a[i]= *(a+i) 得 a[i]+j= *(a+i)+j。由于 *(a+i)+j 是二维数组 a 的 i 行 j 列元素的首地址，所以，该元素的值等于 *(*(a+i)+j)。

◉ 【例 9.9】　二维数组的地址。
main()

```
{
    int a[3][4]={0,1,2,3,4,5,6,7,8,9,10,11};
    printf("%d,",a);
    printf("%d,", * a);
    printf("%d,",a[0]);
    printf("%d,",&a[0]);
    printf("%d\n",&a[0][0]);
    printf("%d,",a+1);
    printf("%d,", * (a+1));
    printf("%d,",a[1]);
    printf("%d,",&a[1]);
    printf("%d\n",&a[1][0]);
    printf("%d,",a+2);
    printf("%d,", * (a+2));
    printf("%d,",a[2]);
    printf("%d,",&a[2]);
    printf("%d\n",&a[2][0]);
    printf("%d,",a[1]+1);
    printf("%d\n", * (a+1)+1);
    printf("%d,%d\n", * (a[1]+1), * ( * (a+1)+1));
}
```

2）指向多维数组的指针变量

把二维数组 a 分解为一维数组 a [0]、a [1]、a [2] 之后，设 p 为指向二维数组的指针变量。可定义为：int（ * p）[4]。

它表示 p 是一个指针变量，它指向包含 4 个元素的一维数组。若指向第一个一维数组 a [0]，其值等于 a，a [0]，或 &a [0] [0] 等，而 p+i 则指向一维数组 a [i]。从前面的分析可得出 * （p+i）+j 是二维数组 i 行 j 列的元素的地址，而 * （ * （p+i）+j）则是 i 行 j 列元素的值。

二维数组指针变量说明的一般形式为：

  类型说明符　（ * 指针变量名）[长度]

其中"类型说明符"为所指数组的数据类型；" * "表示其后的变量是指针类型；"长度"表示二维数组分解为多个一维数组时，一维数组的长度，也就是二维数组的列数。应注意"（ * 指针变量名）"两边的括号不可少，如果缺少括号，则表示是指针数组，意义就完全不同了。

◎【例 9. 10】　二维数组指针变量。
```
main()
{
    int a[3][4]={0,1,2,3,4,5,6,7,8,9,10,11};
    int( * p)[4];
```

```
    int i,j;
    p＝a;
    for(i=0;i<3;i++)
    {for(j=0;j<4;j++) printf("%2d  ", *(*(p+i)+j));
    printf("\n");}
}
```
程序运行结果：

0　1　2　3

4　5　6　7

8　9　10　11

本章小结

本章主要介绍了指针的概念、指向变量的指针、指向数组的指针、指针数组，以及多级指针等。

（1）所谓指针其实就是地址，由于可以通过地址找到存储于内存中的变量，所以形象地把地址称为指针。

（2）指针变量是存储地址的变量，通过指针变量可以很方便地对存储于内存单元中的变量进行操作。

（3）在用指针处理数组时，可以通过指针的移动来访问数组的每一个元素。在用指针处理字符串时，可以充分利用字符串结束标志'\0'。

（4）指针数组一般用来处理多个字符串的情况。

（5）多级指针一般使用到二级指针为止，主要用来处理二维数组等情况。

巩固练习

【题目】

1. 输出某个区间的所有偶数。

2. 按照一定的规则选举班长。选班长规则：将班里的 n 个人围成一圈，顺序编号，从第一个人开始报数（从 1 报到 3），凡报到 3 的人退出圈子，然后从下一个人重新开始，最后留下的那个人就是班长。请问：按照这个规则，选出的班长是原来编号为第几号的哪位？

3. 从键盘输入 5 个整数存入一个数组。用指针的方法从中查找某个整数，找到时输出该数所在的下标，否则输出"没有找到"的信息。

4. 编写一个 C 语言程序，定义两个字符数组，并初始化数组的值，然后组合这两个数组的值，并存储在第三个数组中，要求用指向数组的指针实现。

5. 下面说明不正确的是（　　）。

    A. char a [10] ="china";

    B. char a [10], *p＝a; p="china"

    C. char *a; a="china";

D. char a [10], *p; p=a="china"

6. int (*p) [6]; 它的含义为（   ）。

    A. 具有 6 个元素的一维数组

    B. 定义了一个指向具有 6 个元素的一维数组的指针变量

    C. 指向整型指针变量

    D. 指向 6 个整数中的一个的地址

7. 若有说明："int * p, m=5, n;"，则以下正确的程序段是（   ）。

    A. p=&n; scanf ("%d", &p);

    B. p=&n; scanf ("%d", * p)

    C. scanf ("%d", &n); * p=n;

    D. p=&n; * p=m;

8. 若有定义 "int a [10], * p=a;"，则 p+5 表示（   ）。

    A. 元素 a [5] 的地址

    B. 元素 a [5] 的值

    C. 元素 a [6] 的地址

    D. 元素 a [6] 的值

9. 有定义："char * p1, * p2;"，则下列表达式中正确、合理的是（   ）。

    A. p1/=5

    B. p1 * =p2

    C. p1=&p2

    D. p1+=5

【参考答案】

1.

```
#include <stdio. h>
void main()
{   int num1,num2;
    int * ptr;
    printf("\n 请输入区间的下限：");
    scanf("%d",&num1);
    ptr = &num1; /* ptr 指向 num1 */
    printf("\n 请输入区间的上限：");
    scanf("%d",&num2);
    printf("\n 从 %d 到 %d 之间的偶数有：\n",num1,num2);
    for ((* ptr); * ptr <= num2; (* ptr)++)
    {
        if ((* ptr)%2 == 0) /* 检查 num1 的值是否可被 2 整除 */
        {
            printf("%d ",(* ptr));
        }
    }
}
```

```
        printf("\n");
    }
2.
    #include <stdio.h>
    #define MAX 50
    void main()
    {   int i,k,m,n,num[MAX], * p;
        printf("请输入总人数：");
        scanf("%d",&n);
        p=num;//指向数组的指针
        for(i=0;i<n;i++)
            * (p+i)=i+1;
    /* 为数组中的元素赋值,即给这 n 个人编号为从 1～n * /
        i=0;//控制指针偏移
        k=0;//报数计数器 1～3
        m=0;//退出人数计数器
        while(m<n-1)
        {   if( * (p+i)! =0)
    //开始报数,只要编号不等于零,则报数计数器+1
            k++;
            if(k==3)//报数到 3 时
            { * (p+i)=0;
    //将该人的编号置为 0,表示该人退出
                k=0;//报数计数器置为 0
                m++;
    //每退出一个人,退出人数计数器+1
            }
            i++;//指针移动到下一个元素
            if(i==n)
    //如果到了第 n 个人,则从第一个人开始
            i=0;
        }
        while( * p==0)
    //检索编号不为 0 的人,即最后留下来的人
            p++;
        printf("编号为 %d 的学员当选为班长。\n", * p);
    }
3.
    #include <stdio.h>
    void main()
```

```
{int a[5],* p,x,n,flag=0;
    printf("\n 请输入 5 个整数:");
    for(p=a;p<a+5;p++) /* 此循环用于接收值 */
    scanf("%d",p);
    printf("\n 请输入要查找的数:");
    scanf("%d",&x);
    n=0;
    for(p=a;p<a+5;p++)
    {if( * p==x)
        {                    flag=1;break;}
        n++;
    }
    if(flag==0)
        printf("没有找到!");
    else
        printf("该数所在的下标为 %d \n",n);
}
```

4.

```
#include 〈stdio. h〉
void main()
{   int i;
    int x = 0, y = 0;
    char arr1[5] = {'H', 'e', 'l', 'l', 'o'};
    char arr2[5] = {'W', 'o', 'r', 'l', 'd'};
    char arr3[10];
    char * ptr1, * ptr2, * ptr3;
    printf("第一个单词是:");
    for(i = 0;i < 5;i++)
        printf("%c", arr1[i]);
    printf("\n 第二个单词是:");
    for(i = 0; i < 5; i++)
    printf("%c", arr2[i]);
    ptr1 = arr1;
    ptr2 = arr2;
    ptr3 = arr3;
    /* 连接两个字符数组中存储的值 */
    for(i = 0;i < 5;i++)
    {
        * ptr3 = * ptr1;
        ptr3++;
```

```
        ptr1++;
    }
    for(i = 0;i < 5;i++)
    {
        * ptr3 = * ptr2;
         ptr3++;
        ptr2++;
        }
    printf("\n 两个字符数组的组合为：\n");
    for(i = 0;i < 10;i++)
        printf("%c", arr3[i]);
    printf("\n");
    }
```

5. 答案 D
6. 答案 B
7. 答案 D
8. 答案 A
9. 答案 C

第 **10** 章

字符串和字符串函数 »»»

【引导项目】

本章所介绍的项目是：计算字符串有多少个单词。

要求输入一行字符，然后统计其中有多少个单词，要求每个单词之间用空格分隔开，最后字符不能为空格。

【要点解析】

字符串是一系列连续的字符的组合，C 语言在处理字符串时，会从前往后逐个扫描字符，一旦遇到 ' \0 ' 就认为到达了字符串的末尾，就结束处理。' \0 ' 至关重要，没有 ' \0 ' 就意味着永远也到达不了字符串的结尾。

10.1　字符串

1）字符串和字符串结束标志

字符串常量是用双引号括起来的一串字符。

C 语言编译系统在处理字符串时，一般会在其末尾自动添加一个 ' \0 ' 作为结束符。

2）用字符串常量给数组赋初值

可以用字符串常量来使字符数组初始化。

例如："char c [ ] ＝ {″student″};" 也可以省略大括号，而直接写成 "char c [ ] ＝ ″student″;"。

10.2 字符数组的输入与输出

1) 将数组元素逐个输入与输出

即用格式符"%c"输入或输出一个字符。

【例10.1】 从键盘读入一串字符，将其中的大写字母转换成小写字母后输出该字符串。

```
main( )
{
    char s[80];
    int i=0;
    for (i=0;i<80;i++)
    {
        scanf ("%c", &s[i]);
        if (s[i]= ='\n')    break;
        else   if (s[i]>= 'A'&&s[i]<='Z')    s[i]+=32;
    }
    s[i]='\0';
    for (i=0;s[i]! ='\0';i++)
        printf ("%c", s[i]);
    printf ("\n");
}
```

运行该程序两次。

第一次输入：

ProGram↙

程序运行结果为：

program

第二次输入：

HOW DO YOU DO? ↙

程序运行结果为：

how do you do?

2) 将字符数组整体输入或输出

即用格式符"%s"控制字符串的输入与输出。

【例10.2】 将例10.1改写成整体输入与输出形式。

```
main ( )
{
        char s[80];
```

```
        int i;
        scanf ("%s", s);
        for (i=0;s[i]! = '\0';i++)
          if (s[i]>= 'A'&&s[i]<= 'Z')   s[i]+=32;
        printf ("%s", s);
}
```

注意：

（1）用"%s"格式符读入字符串时，scanf 函数中的地址项是数组名，不要在数组名前加取地址符号' & '，因为数组名本身就是地址（在后面的内容中将介绍）。

（2）用"%s"格式符输出字符串时，printf 函数中的输出项是字符数组名，而不是数组元素。如果写成下面的形式是错误的：

printf ("%s", s [0]);

（3）以 "scanf ("%s"，数组名);" 形式读入字符串时，遇空格或回车都表示字符串结束，编译系统只是将第一个空格或回车前的字符置于数组中，例如有如下语句：

char s [13];

scanf ("%s", s);

若输入为：

How are you? ↙

则程序运行结果为：

how

10.3　字符串处理函数

在 C 的库函数中提供了一些字符串处理函数，使用它们可以很方便地处理字符串，如输入、输出、拷贝、连接、比较、测试长度等。

1）字符串输出函数：puts

格式：puts（字符数组名）

功能：将一个字符串输出到终端，字符串中可以包含转义字符。

例如：char s [ ] = "China \ nBeijing";

　　　　puts (s);

输出结果是：

China

Beijing

注意：puts 函数会将字符串结束标志 ' \ 0' 转换成 ' \ n'，即在输出完字符串后换行。

2）字符串读入函数：gets

格式：gets（字符数组名）

功能：从终端读入一个字符串到字符数组。该函数可以读入空格，遇回车结束输入。

例如，有下面程序段：

char s［20］；

gets（s）；

puts（s）；

运行时输入：

How do you do? ✓

输出结果为：

How do you do?

3）字符串连接函数：strcat

格式：strcat（字符数组 1，字符数组 2）

功能：将字符数组 2 中的字符串，连接到字符数组 1 中的字符串的后面，结果放在字符数组 1 中。

例如，有下面程序段：

char s1[14]＝″China　″,s2[ ]＝″Beijing″；

strcat（s1，s2）；

printf（″%s″，s1）；

输出结果为：

China Beijing

说明：使用 strcat 函数时，字符数组 1 应足够大，以便能容纳连接后的新字符串。

4）字符串拷贝（复制）函数：strcpy

格式：strcpy（字符数组 1，字符数组 2）

功能：将字符数组 2 中的字符串拷贝到字符数组 1 中。

例如，有下面程序段：

char s1［8］，s2［ ］＝″China″；

strcpy（s1，s2）；

puts（s1）；

程序段的输出结果是：

China

说明：

（1）字符数组 1 的长度应大于或等于字符数组 2 的长度，以便容纳被复制的字符串。

（2）字符数组 1 必须写成数组名的形式（如本例中的 s1），字符数组 2 也可以是一个字符串常量。例如：

char s1［8］；

strcpy（s1，″China″）；

其结果与上例相同。

（3）执行 strcpy 函数后，字符数组 1 中原来的内容，将被字符数组 2 的内容（或字符串）所代替。

（4）不能用赋值语句将一个字符串常量或字符数组直接赋给另一个字符数组。下面的用法是错误的：

char s1 [8], s2 [ ] = "China";

s1＝s2;

在进行字符串的整体赋值时，必须使用 strcpy 函数。

5）字符串比较函数：strcmp

格式：strcmp（字符串 1，字符串 2）

功能：比较两个字符串的大小。

例如：strcmp（s1，s2）;

strcmp（"Beijing"，"Shanghai"）;

strcmp（s1，"China"）;

比较的结果由函数值带回。

（1）如果字符串 1 等于字符串 2，函数值为 0。

（2）如果字符串 1 大于字符串 2，函数值为一个正整数（第一个不相同字符的 ASCII 码值之差）。

（3）如果字符串 1 小于字符串 2，函数值为一个负整数。

注意：比较两个字符串是否相等时，不能采用以下形式：

if (s1＝＝s2)   printf ("yes");

而只能用：

if (strcmp (s1, s2) ＝＝0)   printf ("yes");

6）测试字符串长度函数：strlen

格式：strlen（字符数组名）

功能：测试字符数组的长度，函数值为字符数组中第一个 '\0' 前的字符的个数（不包括 '\0'）。

例如：char s [10] = "China";

printf ("%d", strlen (s));

输出结果为：5

7）字符串小写函数：strlwr

格式：strlwr（字符串）

功能：将字符串中的大写字母转换成小写字母。

8）字符串大写函数：strupr

格式：strupr（字符串）

功能：将字符串中的小写字母转换成大写字母。

10.4 字符串函数应用举例

◎【例 10.3】   编程实现两个字符串的连接（不用 strcat 函数）。

```
#include〈stdio. h〉
main( )
{
    char s1[80],s2[80];
    int   i,j;
    gets (s1);gets (s2);                    /＊读入两个字符串＊/
    for (i=0;s1[i]! ='\0';i++);    /＊找到第一个字符串‘\0’的位置＊/
      for (j=0;s2[j]! ='\0';i++,j++)
        s1[i]=s2[j];                         /＊连接 s2 到 s1 的后面＊/
      s1[i]='\0';      /＊在连接后的 s1 中添加字符串结束标志‘\0’＊/
      puts(s1);
}
```

程序运行时输入：

I am a ↙

student. ↙

运行结果是：

I am a student.

◉【例 10.4】　找出 3 个字符串中的最大者。

```
#include〈stdio. h〉
#include〈string. h〉
main( )
{
    char string[20];
    char str[3][20];
    int I;
    for (i=0;i<3;i++)
      gets(str[i]);
    if (strcmp(str[0],str[1])>0)   strcpy (string,str[0]);
    else strcpy (string,str[1]);
    if (strcmp(str[2],string)>0)   strcpy (string,str[2]);
    printf ("\nthe largest string is :\n%s\n",string);
}
```

运行时输入：

CHINA↙

AMERICA↙

JAPAN↙

运行结果是：

the largest string is ：

JAPAN

10.5 字符串与指针

10.5.1 用一个一维字符数组来存放字符串

（1）C语言对字符串的约定

以字符′\0′作为字符串结束标志。

（2）C语言中表示字符串常量的约定

虽然C语言中没有字符串数据类型，但却可以使用"字符串常量"。

（3）C语言中字符串常量给出的是地址值

在C语言中，字符串常量被隐含处理成一个以′\0′结尾的无名的字符型一维数组。因此，若有以下定义：

    char * sp, s [10]；

以下赋值是不合法的：

    s="Hello!"；

不合法的原因是：内容为"Hello!"的字符串常量，在赋值过程中给出的是这个字符串在内存中的首地址，而s是一个字符数组的数组名。因此，该赋值是非法的，而以下的赋值是合法的：

    sp="Hello!"；

（4）字符数组与字符串的区别

在C语言中，有关字符串的大量操作都与字符串标志′\0′有关，因此，在字符数组中的有效字符后面加上′\0′这一特定情况下，可以把这种一维字符数组看作"字符串变量"。

10.5.2 指向字符串的指针

使指针指向一个字符串的方法主要有以下几种。

（1）通过赋初值使指针指向一个字符串

    char * ps="Hello!"；

（2）通过赋值运算使字符指针指向字符串

    char * ps；

    ps="Hello!"；

（3）通过将指针变量之间的赋值使指针指向字符串

例如：char * ps1, * ps2="Hello!"；

    ps1=ps2；

这样使 ps1 也指向了 ps2 所指向的字符串。

还可以将字符数组名赋给字符指针变量而使其指向字符串。

例如：char * ps1, s [ ] = "Hello!"；

    ps1=s；

◎【例 10.5】 用指针法将字符串 a 复制为字符串 b。

```
# include   〈stdio. h〉
   main ( )
   {
      char a [20], b [20], * p1, * p2;
      int i;
      gets (a);
      for (p1=a, p2=b; * p1! ='\0'; p1++, p2++)
            * p2= * p1;
      * p2='\0';
      puts (b);
   }
```

运行时输入：

CHINA↙

运行结果是：

CHINA

10.5.3 指向字符串的指针作函数参数

将一个字符串从一个函数传递到另一个函数，可以采用地址传递的方法。

◎【例 10.6】   用函数调用实现字符串的连接。

```
void str_cat (char * p1, char * p2)
{
   while ( * p1! ='\0')
      p1++;                    /* 找目标字符串的结束标志'\0' */
   while( * p2! ='\0')
      { * p1= * p2;            /* 将字符串 2 连接到字符数组中 */
        p1++; p2++; }
   * p1='\0';                  /* 在连接后的字符串后面添补'\0' */
}
main( )
{
   char a[80], b[80];
   gets(a);
   gets(b);
   str_cat(a, b);
   puts(a);
}
```

运行时输入：

ABCD↙

EFGHI↙

运行结果是：

ABCDEFGHI

程序中的 str_cat 函数还可写成如下形式：

```
viod str(chat * p1, char * p2)
{
    while( * p1)   p1++;
    while( * p2)   * p1++= * p2++;
     * p1='\0';
}
```

本章小结

本章主要介绍了字符串的概念、字符串的输入与输出、字符串函数等。

（1）所谓字符串常量是用双引号括起来的一串字符。

（2）C 语言编译系统在处理字符串时，一般会在其末尾自动添加一个'\0'作为结束符。

（3）将数组元素逐个输入与输出，即用格式符"%c"输入或输出一个字符。

（4）将字符数组整体输入或输出，即用格式符"%s"控制字符串的输入与输出。

（5）在 C 的库函数中提供了一些字符串处理函数，如输入、输出、拷贝、连接、比较、测试长度等。

巩固练习

【题目】

1. 前导 * 平移到最后。规定输入的字符串中只包含字母和 * 号。请编写函数 fun，其功能是：将字符串中的前导 * 号全部移到字符串的尾部。

例如，字符串中的内容为：*******A * BC * DEF * G****，移动后，字符串中的内容应当是：A * BC * DEF * G***********。在编写函数时，不得使用 C 语言提供的字符串函数。

2. 删除前后的 *。规定输入的字符串中只包含字母和 * 号。请编写函数 fun，其功能是：只删除字符前导和尾部的 * 号，串中字母间的 * 号都不删除。形参 n 给出了字符串的长度，形参 h 给出了字符串中前导 * 号的个数，形参 e 给出了字符串中尾部 * 号的个数。在编写函数时，不得使用 C 语言提供的字符串函数。

3. 假定输入的字符串中只包含字母和 * 号。请编写函数 fun，其功能是：除了尾部的 * 号之外，将字符中的其他的 * 号全部删除。形参 p 已指向字符串中最后的一个字母。在编写函数时，不得使用 C 语言提供的字符串函数。

4. 删除中间的 *。规定输入的字符串中只包含字母和 * 号。编写函数 fun，其功能是：除了字符串前导和尾部的 * 号外，将串中其他的 * 号全部删除。形参 h 已指向字符串中第一个字母，形参 p 指向字符串中的最后一个字母。在编写函数时，不得使用 C 语言提供的字符串函数。

例如，若字符串中的内容为 ****A * BC * DEF * G ********，删除后，字符串中的内容应当是：****ABCDEFG ********。在编写函数时，不得使用 C 语言提供的字符串函数。

5. n 个 * 不删除。规定输入的字符串中只包含字母和 * 号。请编写函数 fun，其功能是：使字符串的前导 * 号不得多于 n 个，若多于 n 个，则删除多余的 * 号；若少于或等于 n 个，则不做处理，字符串中间和尾部的 * 号不删除。

例如，字符串中的内容为：*******A * BC * DEF * G ****，若 n 的值为 4，删除后，字符串中的内容应当是：****A * BC * DEF * G ****；若 n 的值为 8，则字符串中的内容仍为：*******A * BC * DEF * G ****。n 的值在主函数中输入。在编写函数时，不得使用 C 语言提供的字符串函数。

6. 编写函数 fun，其功能是：实现两个字符串的连接（不要使用库函数 strcat），即把 p2 所指的字符串连接到 p1 所指的字符串的后面。

7. 二维数组连接成一维。请编写函数 fun，该函数的功能是：将放在字符串数组中的 M 个字符串（每串的长度不超过 N），按顺序合并组成一个新的字符串。

8. 阅读程序，理解字符串数组的应用。该程序的功能是输出 26 个英文字母，请补充程序【?】空白处。

```
#include 〈stdio. h〉
void main (void)
{
        char string[256];
        int i;
/ ***********SPACE ***********/
        for (i = 0; i < 26;【?】)
/ ***********SPACE ***********/
            string[i] =【?】;
        string[i] = '\0';
/ ***********SPACE ***********/
        printf ("the arrary contains %s\n",【?】);
}
```

9. 阅读程序，将 s 所指字符串的正序和反序进行连接，形成一个新串放在 t 所指的数组中。

例如：当 s 串为"ABCD"时，则 t 串的内容应为"ABCDDCBA"。

请补充程序【?】空白处。

```
#include 〈conio. h〉
#include 〈stdio. h〉
#include 〈string. h〉
void fun (char   * s, char   * t)
{
        int   i, d;
```

```
            / **********SPACE**********/
        d = 【?】;
            / **********SPACE**********/
        for (i = 0; i<d; 【?】)
            t[i] = s[i];
        for (i = 0; i<d; i++)
          / **********SPACE**********/
            t[【?】] = s[d-1-i];
        / **********SPACE**********/
        t[【?】] ='\0';
}
main()
{
        char  s[100], t[100];
        printf("\nPlease enter string S:"); scanf("%s", s);
        fun(s, t);
        printf("\nThe result is: %s\n", t);
}
```

【参考答案】
1.
```
#include <stdio.h>
void   fun( char * a )
{   int i=0,n=0;
  char * p;
  p=a;
  while ( * p=='*')   /* 判断 * p 是否是 * 号,并统计 * 号的个数 */
  {
    n++;p++;
  }
  while( * p)      /* 将前导 * 号后的字符传递给 a */
  {
  a[i]= * p;i++;p++;
  }
  while(n! =0)
  {
  a[i]='*';i++;n--;
  }
  a[i]='\0';
}
```

2.
```c
#include <stdio.h>
void    fun( char * a, int n,int h,int e )
{
int i,j=0;
        for(i=h;i<n-e;i++)  /* 第一个字母和最后一个字母之间的字符全不删除 */
            a[j++]=a[i];
        a[j]='\0';
}
```

3.
```c
#include <stdio.h>
void    fun( char * a, char * p )
{
char * t=a;
        for(;t<=p;t++)
          if( * t! ='*')
              *(a++)= * t;
        for(; * t! ='\0';t++)
            *(a++)= * t;
      * a='\0';
}
```

4.
```c
#include <stdio.h>
void    fun( char * a, char * h,char * p )
{   int i=0;
  char * q;
  for(q=a;q<h;q++)
  {   a[i]= * q; i++;}
  for(q=h;q<=p;q++)
    if( * q! ='*')
    {   a[i]= * q;
        i++;
      }
for(q=p+1; * q;q++)
{   a[i]= * q; i++; }
a[i]='\0';
    }
```

5.
```c
void    fun( char * a, int   n )
{   int i=0;
```

```
        int k=0;
        char *p,*t;
        p=t=a;                    /* 开始时,p 与 t 同时指向数组的首地址 */
        while(*t=='*')      /* 用 k 来统计前部星号的个数 */
        {   k++;t++;   }
        if(k>n)             /* 如果 k 大于 n,则使 p 的前部保留 n 个星号,其后的字符依次存
入数组 a 中 */
        {   while(*p)
            {   a[i]=*(p+k-n);
                i++;
                p++;
            }
            a[i]='\0';
        }
}
```

6.
```
#include <stdio.h>
void fun(char p1[], char p2[])
{
        int i,j;
        for(i=0;p1[i]! ='\0';i++) ;
            for(j=0;p2[j]! ='\0';j++)
                p1[i++]=p2[j];
            p1[i]='\0';
}
```

7.
```
#include <stdio.h>
#include <conio.h>
#define M 3
#define N 20
void fun(char a[M][N],char *B. )
{   int i,j,k=0;
    for(i=0;i<M;i++)
        for(j=0;a[i][j]! ='\0';j++)
            b[k++]=a[i][j];
    b[k]='\0';
}
```

8. 答案:
=======(答案 1)=======
i++

========或========
++i
========或========
i=i+1
========或========
i+=1
======(答案2)=======
'A' + i
========或========
i+'A'
========或========
65 + i
========或========
i+65
======(答案3)=======
string
9. 答案：
======（答案1）======
strlen（s）
======（答案2）======
i++
========或========
i=i+1
========或========
i+=1
========或========
++i
======（答案3）======
i++
========或========
i+d
======（答案4）======
2 * d
========或========
d * 2
========或========
i+d
========或========
d+i

第三部分

实战知识

第 11 章
局部变量与全局变量 »»»

【引导项目】

本章所介绍的项目是：河北省内某品牌汽车的价格调整系统。

本项目程序中使用全局变量表示厂家指导价，使用函数表示各地方 4S 店，在函数中定义局部变量，并输出一条信息，表示各地方 4S 店的价格。

【要点解析】

变量的存储类型决定了变量的存储周期。

变量存储周期是指变量从开始分配存储单元，到运行结束存储单元被回收的整个过程。

下面通过程序看变量在程序执行过程中发生了什么变化。

参考项目程序：

```
#include〈stdio.h〉
int  hebeishengprice=100000;    /*设定河北省的厂家指导价*/
void  Tangshan4sprice();                /*代表唐山 4s 店*/
void  Qinhuangdao4sprice();          /*代表秦皇岛 4s 店*/
void  Zhangjiakou4sprice();           /*代表张家口 4s 店*/
int  main()
{
  Tangshan4sprice();
Qinhuangdao4sprice();
Zhangjiakou4sprice();
}
void Tangshan4sprice()
{
   int  xiaoliang；    /*代表每个季度的销量*/
int Tangshanprice=hebeishengprice;/*如果销量不超过 100 台,按厂家指导价销售*/
```

```
    scanf("%d",&xiaoliang); /*输入销量*/
    if(xiaoliang>=100)/*大于100台,每台售价涨1万元,否则以厂家指导价销售*/
    Tangshanprice=hebeishengprice+10000;
    printf("Tangshan4sprice=%d\n",Tangshanprice);
}
void Qinhuangdao4sprice()
{
    int    xiaoliang;        /*代表每个季度的销量*/
int Qinhuangdaoprice=hebeishengprice;/*如果销量不超过100台,按厂家指导价销售*/
    scanf("%d",&xiaoliang); /*输入销量*/
    if(xiaoliang>=100)/*大于100台,每台售价涨1万元,否则以厂家指导价销售*/
    Qinhuangdaoprice=hebeishengprice+10000;
    printf("Qinhuangdao4sprice=%d\n",Qinhuangdaoprice);
}
void Zhangjiakou4sprice()
{
    int    xiaoliang;        /*代表每个季度的销量*/
int Zhangjiakouprice=hebeishengprice;/*如果销量不超过100台,按厂家指导价销售*/
    scanf("%d",&xiaoliang); /*输入销量*/
    if(xiaoliang>=100)/*大于100台,每台售价涨1万元,否则以厂家指导价销售*/
    Zhangjiakouprice=hebeishengprice+10000;
    printf("Zhangjiakou4sprice=%d\n",Zhangjiakouprice);
}
```

C语言程序在运行时,将需要的原始数据,以及运算过程中产生的中间数据,存放在计算机的内存中,以备后续程序运行使用。那么,以上所有数据在内存中是怎么样存放的?每个数据从何时占用内存中的空间?何时占用的内存空间又被释放呢?对于以上问题,C语言都有具体的规定。

11.1 局部变量与全局变量的定义

在学习函数的形参变量时发现,形参变量只在被调用函数中起作用,即当程序执行到被调用函数时,系统才会为形参变量分配存储空间,被调用函数执行结束后会立即释放。这一点表明形参变量只有在被调用函数内才是有效的,离开该函数就不能再使用了。这种变量有效性的范围称为变量的作用域。不仅对于形参变量,C语言中所有的变量都有自己的作用域。变量说明的方式不同,其作用域也不同。C语言中的变量,按作用域范围可分为局部变量和全局变量。

11.1.1 局部变量的定义

在函数内部或复合语句内部定义的变量,称为局部变量。函数的形参属于局部变量。

▶ 【例 11.1】 局部变量的使用。

```
#include <stdio. h>
main()
{
  int   a=2,b=3,c=4;
  if(a<b)
  {   int   c;
      c=a+b;
      printf("第一次输出的 c=%d\n",c);   }
  printf("第二次输出的 c=%d\n",c);
}
```

输出结果：

第一次输出的 c=5

第二次输出的 c=4

本例题中，复合语句中的变量 c（即第一次输出的 c）和函数体中的 c（即第二次输出的 c）都是局部变量，这些变量是定义在函数内部的，无法被其他函数所使用。虽然变量名相同，但是互不影响，在本例中的变量都有自己的存储单元，只不过两个变量 c 的作用域（即作用范围）不同。

11.1.2　全局变量的定义

全局变量也称为外部变量，它是在函数外部起始处定义的变量。它不属于哪一个函数，它属于一个源程序文件。其作用域是整个源程序。

▶ 【例 11.2】 全局变量的使用。

```
#include <stdio. h>
int   hebeishengprice=100000；    /*设定河北省的厂家指导价*/
        ……
int   main ()
{
        ……
}
```

本例题中，hebeishengprice 是全局变量，因为它定义在函数的外部，它不属于任何一个函数（主函数、用户定义的函数）。

11.2　变量的存储类型

变量的存储类型将决定变量什么时候被分配存储空间，分配的存储空间什么时候被释放。即：存储类型就是变量分配使用内存空间的方式，也被称为存储方式。变量的存储类型分为动态存储和静态存储两种形式。

静态存储方式：是指在程序运行期间分配固定的存储空间的方式。

动态存储方式：是在程序运行期间根据需要进行动态的分配存储空间的方式。

有四个与两种存储方式有关的说明符，它们是：auto（自动）、register（寄存器）、static（静态）和 extern（外部）。这些说明符通常与类型符一起出现，它们可以放在类型符的左侧，也可以放在类型符的右侧。例如：

auto   int   i;

也可以写成 int   auto   i;

计算机内存中系统为用户提供的存储空间分为三个部分：程序区、静态存储区、动态存储区，如图 11.1 所示。

静态存储的变量位于内存的静态存储区，如全局变量。

动态存储的变量位于内存的动态存储区，如在调用函数时，其局部变量被保存到动态存储区中，当函数结束执行，返回到主函数时，变量所占用的空间释放，此时局部变量就消失。

图 11.1   存储空间的分配情况

各存储区所存放的数据内容如下：

静态存储区：存储全局变量和静态类别的局部变量。

动态存储区：①自动变量，在函数调用时分配内存空间，调用完成后释放内存空间；②函数形参，在调用此函数时为形参分配内存空间，调用完成后释放内存空间。

11.2.1   局部变量的存储类别

1）auto（自动）变量

当在函数内部或复合语句内定义变量时，如果没有指定存储类，或使用了 auto 说明符，系统就认为所定义的变量是自动类别。例如：

int   a; 就等价于 auto   int   a;

auto 变量的存储单元被分配在内存的动态存储区。每次进入函数体或复合语句时，系统自动为 auto 变量分配存储单元。退出时自动释放这些存储单元另作他用。

◀ 【例 11.3】   auto 局部变量的使用。

```
void sub（float a）
{
    int   i;
    ……
    if（i>0）
    {
        int   n;
        ……
```

```
        printf（"%d \ n", n）;
    }
}
```

本例中，变量 i、a 和 n 都是 auto 变量，但 i 和 a 的作用域是整个 sub 函数，而 n 的作用域却只在 if 语句内。

注意：

（1）局部变量的定义必须放在所在函数体内，或复合语句中全部可执行语句之前。

（2）所有自动类局部变量的存储单元，都是在进入这些局部变量所在的函数体，或复合语句时生成，退出其所在的函数体或复合语句时消失。当再次进入函数体或复合语句时，系统将为它们另行分配存储单元，因此，变量的值不可能被保留。

（3）使用自动变量的优点是：可在各函数之间形成信息隔离，不同函数中使用了同名变量也不会相互影响。

2）register（寄存器）变量

register（寄存器）变量也是自动类变量，它与 auto 变量的区别如下：

用 register（寄存器）变量在程序编译时，将它的值存放在 CPU 的寄存器中，而一般的变量的值是存储在内存单元中的。因此，register（寄存器）变量可以有效提高程序的运行速度。

【例 11.4】 register 局部变量的使用。

```
#include〈stdio. h〉
int power(int,register int);
main()
{
    int s;
    s=power(5,3);
    printf("%d\n",s)
}
int power(int x,register int n)
{
    register int p;
    for(p=1;n;n——)
        p=p * x;
    return p;
}
```

本例中，在 power 函数中，用作循环变量的 n 和变量 p 被定义成寄存器变量，目的是可以最快速度求值。

注意：

（1）CPU 中，寄存器的数量是有限的，与内存空间比起来，少之又少，因此只能说明少量的寄存器变量。

（2）由于寄存器变量是存放在 CPU 的寄存器中，所以寄存器变量没有地址，也就不能对它进行求地址运算。

（3）什么时候用寄存器变量，就什么时候定义，这样可以尽快释放，以便提高寄存器的利用率。

3）static（静态）变量

在编写程序时，有时需要在调用函数中的某个局部变量以后，要求这个局部变量的值不能消失，也就是说这个变量所占用的存储空间不被释放，在下次调用这个函数时，变量中的值仍然保持上次调用这个函数结束时变量的值。这种情况下我们使用的变量类型就是静态变量。静态变量属于静态存储方式。

定义静态变量时，使用 static 关键字定义，形式如下：

static　类型说明符　变量 1，变量 2，…

用 static 关键字定义全部变量，会得到静态全局变量；定义局部变量，会得到静态局部变量。

◎ 【例 11.5】　static 局部变量的使用。

```c
#include <stdio.h>
test()
{
    auto int a=0;              /*定义自动存储类型变量 a*/
    static b=3;                /*定义静态存储类型变量 b*/
    a++;                       /*变量 a 自加 1*/
    b++;                       /*变量 b 自加 1*/
    printf("%d\n",a);          /*输出变量 a 的值*/
    printf("%d\n",b);          /*输出变量 b 的值*/
}
main()
{
    int i;                     /*定义整型变量 i,循环计数*/
    for(i=0;i<3;i++)           /*循环 3 次*/
        test();                /*调用自定义函数*/
}
```

本例中，一共调用 test 函数 3 次。在第 1 次调用 test 函数时，变量 a 的值是 0，变量 b 的值是 3，调用结束后，变量 a 的值为 1，变量 b 的值为 4；第 2 次调用时，变量 a 的值为 0，变量 b 的值为 4，因为 a 是自动变量，函数调用结束后存储空间释放，因此在第 2 次调用时，使用的是 a 的初值 0。而变量 b 被定义为静态类型的变量，第 1 次调用函数后，变量的值保持不变，在第 2 次调用时，变量 b 的值就是第 1 次调用结束时的值 4。在第 2 次调用结束后，变量 a 的值为 1，变量 b 的值为 5。

11.2.2　全局变量的存储类别

全局变量只有静态一种存储方式，对于全局变量可使用 extern 和 static 两种说明符。

我们在 11.1.2 全局变量的定义时讲过，全局变量也称为外部变量，它是在函数外部起始处定义的变量。但是，有时全局变量并不是在函数外部起始时定义，而是在函数外部末尾处定义，也就是说全局变量的定义在后，引用全局变量的函数在前，这时就应该在引用它的函数中用 extern 对此全局变量进行说明。

【例 11.6】 extern 全局变量的使用。

```c
#include <stdio.h>
int min (int x, int y)
{
    int z;                              /* 定义局部变量 */
    z = x < y ? x : y;                  /* 获取最小值 */
    return (z);                         /* 返回最小值 */
}
main ()
{
    extern int a, b;                    /* 外部变量声明 */
    printf ("min=%d \n", min (a, b));   /* 输出两个数的最小值 */
}
int a=3, b=5;                           /* 全局变量定义在主函数之后 */
```

本例中，全局变量 a、b 在主函数下面定义，因此必须在主函数内用 extern 对全局变量 a，b 进行说明。

对于某些局部变量，如果希望在函数调用结束后，仍然保留函数中定义的局部变量的值，则可以使用 static 将该局部变量定义为静态局部变量。

例如：

```c
static double x;
```

静态局部变量是在静态存储区中分配存储空间，在程序的整个执行过程中不释放，因此函数调用结束后，它的值并不消失，其值能够保持连续性。

使用静态局部变量时特别要注意初始化，静态局部变量是在编译过程中赋初值的，且只赋一次初值，以后调用函数时不再赋初值，而是保留前一次调用函数时的结果。这一点是局部静态变量和自动变量的本质区别。

与 extern 存储类别相反，如果希望一个源程序文件中的全局变量仅限于该文件使用，只要在该全局变量定义时的类型说明前加一个 static 即可。

下面举例说明用 static 声明全局变量，以限制它在其他源程序文件中的使用。

【例 11.7】 static 全局变量的使用。

文件 file1.c 的内容如下：

```c
#include <stdio.h>
int a=2;
static int b=3;
void fun()
{   a=a+1;
```

文件 file2.c 的内容所示：

```c
#include <stdio.h>
extern int a;
int b;
void main()
{   fun();
```

```
                    b=b+1；
        printf("a=%d,b=%d\n",a,b);
                printf("a=%d,b=%d\n",a,b);            }
        }
```

文件 file1.c 中的全局变量 a，可以在文件 file2.c 中使用，但是文件 file1.c 中的静态全局变量 b，不能在文件 file2.c 中使用。

程序运行结果：

a=3，b=4

a=3，b=0

本章小结

变量是程序设计中极为重要的概念。变量除了有数据类型的属性外，还有存储属性。变量存储类型包括作用域与生存期两个方面。这里说的"作用域"，就是指变量的有效范围，不仅形参变量拥有有效范围，其他任何变量在使用时，都是有自己的作用范围的。而按照变量所定义的位置不同，可以将它们分为局部变量和全局变量。

何时需要定义全局变量？如果变量的类型固定（随程序的升级不会改变），只有很有限的几个地方需要修改它的值，而且这个变量的值经常被程序中多个函数使用，大多数地方只是读取它的值，而不修改它的值，那么这时就比较适合将这个变量定义为全局变量。

建议在非必要时用户不要使用全局变量，因为：

① 全局变量占用存储空间。

② 全局变量降低了程序的可靠性和通用性。

③ 全局变量降低了程序的清晰性。

巩固练习

【题目】

1. 通过键盘将一个班学生的成绩输入到一个一维数组内，调用函数求最高分、最低分和平均分。提示：程序中通过函数的返回值求出平均分，通过全局变量 max、min 分别得到最高分和最低分。

2. 输出下列代码变量的值：

```
#include <stdio.h>
int n = 10;  //全局变量
void func1(){
    int n = 20;  //局部变量
    printf("func1 n：%d\n", n);
}
void func2(int n){
```

```
        printf("func2 n：%d\n", n);
    }
    void func3(){
        printf("func3 n：%d\n", n);
    }
    int main(){
        int n = 30；  //局部变量
        func1();
        func2(n);
        func3();
        //代码块由{}包围
        {
            int n = 40；  //局部变量
            printf("block n：%d\n", n);
        }
        printf("main n：%d\n", n);
        return 0;
    }
```

3. 根据长方体的长宽高求它的体积，以及三个面的面积。请阅读下面的程序，并输出结果。

```
#include <stdio. h>
int s1, s2, s3；  //面积
int vs(int a, int b, int c){
    int v；  //体积
    v = a * b * c;
    s1 = a * b;
    s2 = b * c;
    s3 = a * c;
    return v;
}
int main(){
    int v, length, width, height;
    printf("Input length, width and height：");
    scanf("%d %d %d", &length, &width, &height);
    v = vs(length, width, height);
    printf("v=%d, s1=%d, s2=%d, s3=%d\n", v, s1, s2, s3);
    return 0;
}
```

4. 阅读分析下面程序，并输出结果（程序中 i、j、a 均为局部变量）。

```
int fa(int a)
```

```
{
    int i=1,j=2;
    a=a+i+j;
    printf("fa:a=%d,i=%d,j=%d\n",a,i,j);
}


int fb(int a)
{
    int i=10,j=20;
    a=a+i+j;
    printf("fb:a=%d,i=%d,j=%d\n",a,i,j);
}
void main()
{
    int i=100,j=200;
    fa(i);
    fb(j);
    printf("main:i=%d,j=%d\n",i,j);
}
```

5. 根据下面的代码，输出下列变量的值：

if 语句内，x=_____

main 方法内，x=_____

fn1 ()：x=_____，y=_____

fn2 ()：x=_____，y=_____

fn3 ()：x=_____，y=_____

代码：

```
#include <stdio.h>
int x = 77;
void fn1()
{
    extern int y;
    printf("fn1():x=%d,y=%d\n",x,y);
}
void fn2()
{
    extern int y;
    y=888;
    printf("fn2():x=%d,y=%d\n",x,y);
}
```

```c
}
int y = 88; void fn3()
{
    printf("fn3():x=%d,y=%d\n",x,y);
}
int main()
{
    int x = 10;     if(x>0)
    {
        int x = 100;
        x/=2;
        printf("if 语句内, x=%d\n",x);
    }
    printf("main 方法内, x=%d\n",x);
fn1();

    fn2();

    fn3();

    getch();

    return 0;

}
```

6. 请写出下列代码的输出内容。
```c
#include <stdio.h>
int main(void)
{
int a,b,c,d;
a =10;
b =a++;
c =++a;
d =10*a++;
printf(b,c,d:%d,%d,b,c,d);
return 0;
}
```

7. 请写出下列代码的输出内容。

```
#include <stdio.h>
int main(){
int a=1,b=3;
{
    int a=1,c=2;
    a=a+b;
    b=c+a;
    printf("a=%d,b=%d\n",a,b);
}
printf("a=%d,b=%d\n",a,b);
return 0;
}
```

【参考答案】

1.
```
#include <stdio.h>
#define NUM 10
float max, min;                              /* 定义全局变量 man，min */
float average (float x [] )                  /* 定义函数 average 用于计算平均分 */
{   float sum;
    int k;
    max=min=sum=x [0];               /* 将数组的第一个元素赋给 max，min，sum */
    for (k=1; k<NUM; k++)
    {    if (x [k] >max)             /* 若 x [k] >max，则把较大值赋给 max */
            max=x [k];
         if (x [k] <min)            /* 若 x [k] <min，则把较小值赋给 min */
            min=x [k];
         sum=sum+x [k];        /* 计算总成绩 */
    }
    return (sum/NUM);         /* 返回平均成绩 */
}
void main ()
{   float cj [NUM], aver;
    int j;
    printf ("input score of student：\n");
    for (j=0; j<NUM; j++)
      scanf ("%f", &cj [j] );
    aver=average (cj);         /* 调用 average 函数 */
    printf ("max=%6.2f \nmin=%6.2f \naverage=%6.2f \n", max, min, aver);
}
```

2.

func1 n：20

func2 n：30

func3 n：10

block n：40

main n：30

3.

Input length，width and height：10 20 30↙

v＝6000，s1＝200，s2＝600，s3＝300

注释：根据题意，我们希望借助一个函数得到三个值：体积 v 以及三个面的面积 s1、s2、s3。遗憾的是，C 语言中的函数只能有一个返回值，我们只能将其中的一份数据，也就是体积 v 放到返回值中，而将面积 s1、s2、s3 设置为全局变量。全局变量的作用域是整个程序，在函数 vs（）中修改 s1、s2、s3 的值，能够影响包括 main（）在内的其他函数。

4.

程序运行的结果为：

fa：a＝103，i＝1，j＝2

fb：a＝230，i＝10，j＝20

main：i＝100，j＝200

5.

运行结果：

if 语句内，x＝50

main 方法内，x＝10

fn1（）：x＝77，y＝88

fn2（）：x＝77，y＝888

fn3（）：x＝77，y＝888

6.

10，12，120

7.

a＝4，b＝6

a＝1，b＝6

第12章

结构体与共用体

【引导项目】

本章所介绍的项目是：查询火车票价。

设计程序实现查询火车票价，输入本地到其他城市的名称、距离和票价信息，可根据城市名称查询对应的票价信息。

【要点解析】

本项目是要设计一个简单的火车票务管理系统，实现火车时刻信息的录入、查询和统计。录入信息包括车次、日期、起点、终点、开车时间、到达时间、票价等，查询信息包括按照车次查询、按终点查询、按起点查询、按终点和日期查询等，统计信息主要包括按起点或终点统计每日的车次数。通过本项目学生将掌握结构类型的构造及使用方法。

在定义结构体类型后，需要定义结构体类型变量，这样才能在具体的应用中引用完整的相关信息。例如在定义城市体类型变量后，这个变量才能赋予距离、价格等信息。

定义结构体类型的变量，可以采用下面的参考程序。

参考项目程序：

```
#include <stdio. h>
#include <string. h>
#define MAX 101
struct city                        /*定义结构体存储城市名称和票价等信息*/
{
    char name[20];
    double distance;
    double price;
};

int readin(struct city * c,int n) /*自定义函数readin,用来输入城市票价等信息*/
{
```

```c
        int i ;
        for (i=0;i<n;i++)
        {
            scanf("%s%lf%lf", &c[i]. name,&c[i]. distance,&c[i]. price);
                /* 输入信息 */
        }
    }


void search(struct city * b, char * x, int n) /* 自定义函数 search 查找城市名称对应
的票价等信息 */
    {
        int i;
        i = 0;
        while (1)
        {
            if (! strcmp(b[i]. name, x)) /* 查找与输入城市名称相匹配的记录 */
            {
            printf("%s\t%8. 1lf%8. 1lf\n",b[i]. name, b[i]. distance ,b[i]. price);
                                /* 输出查找到的城市名称对应的信息 */
                break;
            }
            else
                i++;
            n--;
            if (n == 0)
            {
                printf("No found!");/* 若没查找到记录输出提示信息 */
                break;
            }
        }
    }


main()
{
    struct city s[MAX];                          /* 定义结构体数组 s */
    int num=5;
    char name[15];
    printf("input city information(name dist price)\n");
    readin(s,num);                       /* 调用函数 readin */
    printf("input the name:");
```

```
        scanf("%s", name);              /*输入要查找的城市名称*/
        search(s, name, num);                   /*调用函数search*/

    }
```

本章之前，我们学习了很多种数据类型，如整型（int）、字符型（char）、单精度浮点型（float）等，而且还学习了数组，它属于构造类型中的一种，数组中的各元素属于同一种类型。但是在一些情况下，以上这些基本的类型是不能满足编程者使用要求的。要想完成一定的功能，必须把以上基本类型数据有序的组织起来定义成一个结构，用来表示一个有机的整体、一种新的类型，那么就需要先对基本类型数据进行构造，这里称这种操作为声明一个结构体。

12.1 结构体类型的概念

在实际问题中，一组数据往往具有不同的数据类型。例如，在学生登记表中，姓名应为字符型，学号可为整型或字符型，年龄应为整型，性别应为字符型，成绩可为整型或实型。显然不能用一个数组来存放这一组数据。因为数组中各元素的类型和长度都必须一致，以便于编译系统处理。为了解决这个问题，C语言允许用户自己建立由不同数据组成的组合型数据结构——"结构（structure）"或叫"结构体"。

声明结构体时使用的关键字是struct，形式如下：

```
struct 结构体名
{
    类型名1 成员名1；
    类型名2 成员名2；
        …
    类型名n 成员名n；
};
```

关键字struct表示声明的是一个结构体，其后的"结构体名"是一个用户标识符，用以区别其他的结构体类型。

例如，声明一个结构体的代码如下：

```
struct stu
{
    int num;
    char name [20];
    char sex;
    float score;
};
```

在这个结构定义中，结构体名为stu，该结构由4个成员组成；第一个成员为num，整型变量；第二个成员为name，字符数组；第三个成员为sex，字符变量；第四个成员为score，实型变量。结构定义之后，即可进行变量说明。凡说明为结构stu的变量都由上述4

个成员组成。

注意：在声明结构体时，要注意大括号后面有一个分号";"，在编写时千万不要忘记。

当结构体声明完成时，表示我们已经定义了一种数据类型，在这种数据类型中包括成员列表中的所有基本数据类型。由此可见，结构体是一种复杂的数据类型，是数目固定、类型不同的若干有序变量的集合。

12.2 结构体变量的定义

前面介绍了如何使用关键字 struct 构造一个结构体，用来满足程序设计的需要，但是，使用构造出来的结构体类型才是构造结构体的目的。

说明结构体变量有以下三种方法。以上面定义的 stu 为例来加以说明。

1）声明结构体类型，再定义变量

如：struct stu
{
    int num;
    char name [20];
    char sex;
    float score;
};
struct stu boy1，boy2；

struct stu 是结构体类型名，说明了两个变量 boy1 和 boy2 为 stu 结构类型。boy1 和 boy2 是结构体 struct stu 的变量名。

2）在定义结构类型的同时说明结构变量

如：struct stu
{
    int num;
    char name [20];
    char sex;
    float score;
}boy1，boy2；

这种形式的说明的一般形式为：

struct 结构名
{
    成员表列
} 变量名表列；

可以看到上面将定义的变量名称放在声明结构体的末尾处。但是需要注意的是，变量的名称要放在最后的分号前面，而且变量不是只能有一个，可以是多个同时一起使用。

3）直接说明结构变量

如：struct

{

    int num；

    char name［20］；

    char sex；

    float score；

} boy1，boy2；

这种形式的说明的一般形式为：

struct

{

    成员表列

} 变量名表列；

可以看出这种方式没有给出结构体名称。

以上就是有关定义结构体变量的 3 种方法，结构体的类型说明如下。

（1）类型与变量是不同的。例如只能对结构体的变量进行赋值操作，而不能对一个结构体类型进行赋值操作。

（2）结构体的成员也可以是结构体类型的变量，例如，图 12.1 给出了另一个数据结构的结构体类型变量。

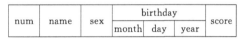

num	name	sex	birthday			score
			month	day	year	

图 12.1　数据结构的结构体类型变量

按图 12.1 可给出以下结构定义：

struct date

{

    int month；

    int day；

    int year；

}；

struct{

    int num；

    char name[20]；

    char sex；

    struct date birthday；

    float score；

}boy1,boy2；

首先定义一个结构 date，由 month（月）、day（日）、year（年）三个成员组成。在定义并说明变量 boy1 和 boy2 时，其中的成员 birthday 被说明为 data 结构类型。成员名可与程序中其他变量同名，互不干扰。

12.3 结构体变量的引用

定义结构体类型变量后就可以引用这个变量，但是需要注意的是，不能直接将一个结构体变量作为一个整体进行输入和输出，而是对结构体变量所包括的成员进行输入或输出。因此，结构体变量的引用，实质上是对结构体变量所包括的成员的引用，引用的一般形式是：

结构体变量名.成员名

"."称之为成员运算符。

如：struct date
{
    int month;
    int day;
    int year;
};
struct {
    int num;
    char name [20];
    char sex;
    struct date birthday;
    float score;
} boy1, boy2;

针对以上结构体变量的引用：

boy1.num   即第一个人的学号

boy2.sex   即第二个人的性别

如果成员本身又是一个结构体，则必须逐级找到最低级的成员才能使用。

如：boy1.birthday.month

即第一个人出生的月份成员可以在程序中单独使用，与普通变量完全相同。

注意：不能使用 boy1.birthday 来访问 boy1 变量中的成员，因为 birthday 本身还是一个结构体变量，必须找到 birthday 这个结构体变量的成员才可以。

◉【例 12.1】 声明结构体类型表示商品，然后定义结构体变量，对变量中的成员进行赋值。

```
#include<stdio.h>
struct Product            /*声明结构体*/
{
    char cName[10];       /*产品的名称*/
    char cShape[20];      /*形状*/
    char cColor[10];      /*颜色*/
    int iPrice;           /*价格*/
    char cArea[20];       /*产地*/
```

```
};
int main()
{
    struct Product product1;                        /*定义结构体变量*/
    printf("please enter product's name\n");        /*信息提示*/
    scanf("%s",&product1.cName);                     /*结构体成员赋值*/
    printf("please enter product's shape\n");       /*信息提示*/
    scanf("%s",&product1.cShape);                    /*结构体成员赋值*/
    printf("please enter product's color\n");       /*信息提示*/
    scanf("%s",&product1.cColor);                    /*结构体成员赋值*/
    printf("please enter product's price\n");       /*信息提示*/
    scanf("%d",&product1.iPrice);                    /*结构体成员赋值*/
    printf("please enter product's area\n");        /*信息提示*/
    scanf("%s",&product1.cArea);                      /*结构体成员赋值*/
    printf("Name：%s\n",product1.cName);             /*将成员变量输出*/
    printf("Shape：%s\n",product1.cShape);
    printf("Color：%s\n",product1.cColor);
    printf("Price：%d\n",product1.iPrice);
    printf("Area：%s\n",product1.cArea);
    return 0;
}
```

本例在源文件中，先声明 struct Product 结构体类型，用来表示商品这种特殊的类型，并在结构体中定义了有关的成员；然后，在主函数中使用第二种方法，对结构体 struct Product 的变量进行定义，在 scanf 输入函数中对结构体成员进行赋值，引用了结构体成员变量的地址 &product1.cName 等；最后对结构体成员进行输出。

12.4　结构体类型的初始化

结构体类型变量和其他基本类型变量一样，可以在定义结构体变量时指定初始值。
如：struct Product　　　　　　　/*声明结构体*/
{
　char cName[10];
　char cShape[20];
　char cColor[10];
　int iPrice;
}product1={"shouji","zhengfangti","heise","1000"};/*定义变量并设置初始值*/
在初始化时要注意，定义的变量后面使用"="，然后将其初始化的值放在大括号中，并且每一个数据要与结构体的成员列表的顺序一样。

【例 12.2】 结构体类型的初始化操作。

```c
#include<stdio.h>
struct Student                    /* 学生结构 */
{
    char cName[20];               /* 姓名 */
    char cSex;                    /* 性别 */
    int iGrade;                   /* 年级 */
} student1={"HanXue",'W',3};              /* 定义变量并设置初始值 */
int main()
{
    struct Student student2={"WangJiasheng",'M',3};/* 定义变量并设置初始值 */
    /* 将第一个结构体中的数据输出 */
    printf("the student1's information：\n");
    printf("Name：%s\n",student1.cName);
    printf("Sex：%c\n",student1.cSex);
    printf("Grade：%d\n",student1.iGrade);
    /* 将第二个结构体中的数据输出 */
    printf("the student2's information：\n");
    printf("Name：%s\n",student2.cName);
    printf("Sex：%c\n",student2.cSex);
    printf("Grade：%d\n",student2.iGrade);
    return 0;
}
```

在本例中,演示了两种初始化结构体的方式,一种是在声明结构体时进行初始化:

```c
struct Student                    /* 学生结构 */
{
    char cName[20];               /* 姓名 */
    char cSex;                    /* 性别 */
    int iGrade;                   /* 年级 */
} student1={"HanXue",'W',3};              /* 定义变量并设置初始值 */
```

另一种是在后定义结构体变量时进行初始化:

```c
struct Student student2={"WangJiasheng",'M',3};/* 定义变量并设置初始值 */
```

12.5　共用体

在实际问题中有很多这样的例子。例如,在学校的教师和学生数据库中,经常要求填写:姓名、年龄、职业、单位。"职业"一项可分为"教师"和"学生"两类。对"单位"一项学生应填入班级编号,教师应填入某系某教研室。班级可用整型量表示,教研室只能用字符类型。要求把这两种类型不同的数据都填入"单位"这个变量中,就必须把"单位"定义为包含整型和字符型数组这两种类型的"联合"。这种几种不同类型的变量占用同一段内存空间的结构称为共用体（又叫联合）。

共用体与结构体有一些相似之处，但两者有本质上的不同。在结构体中各成员有各自的内存空间，一个结构体变量的总长度是各成员长度之和。而在共用体中，各成员共享同一段内存空间，一个共用体变量的长度等于各成员中最长的长度。

定义一个共用体类型的格式为：

```
union 共用体类型名
｛  类型标识符 1 成员 1；
      类型标识符 1 成员 2；
        ……
      类型标识符 1 成员 n；
   ｝；
```

其中 union 是系统指定的关键字，共用体类型名由用户指定，但要符合标识符的规定。它与结构体类型的根本区别是成员表的所有成员在内存中从同一地址开始存放。

例如：

```
union data
   ｛  int i；
        char c；
        float a；
   ｝；
```

定义了一个名为 data 的共用体类型，它含有 3 个成员，一个为整型，成员名为 i；一个为字符型，成员名为 c；一个为实型，成员名为 a。这 3 个成员的内存空间虽然不同，但都从同一起始地址开始存储，如图 12.2 所示（图中一个框代表一个字节）。

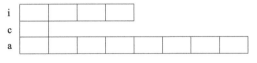

图 12.2　共用体成员的存储

对于具有上述相同成员的结构体变量，则系统分配的内存空间等于各成员的内存长度之和，即为 13 字节；而对于共用体变量，则该变量所占内存空间为所有成员中最长的成员的长度，即为 8 字节。

定义了共用体类型之后，可用它来说明共用体变量。共用体变量的定义方式和结构体变量的定义方式相同，也有三种形式。

（1）先定义共用体类型，再用共用体类型定义该类型的共用体变量。

```
union perdata
   ｛  int class；
        char officae [10]；
   ｝；
   union perdata a，b；
```

应先定义共用体类型 perdata，再定义该类型的共用体变量 a、b。

（2）在定义共用体类型的同时，定义该类型的共用体变量。

```
union perdata
  ｛  int class;
      char office［10］;
  ｝ a，b;
```

应在定义共用体类型 perdata 的同时，定义该类型的共用体变量 a、b。

（3）不定义共用体名直接定义共用体变量。

```
union
  ｛  int class;
      char office［10］;
  ｝ a，b;
```

则直接定义了共用体变量 a、b。

共用体变量的引用和结构体变量的引用一样，不能对一个共用体变量作为整体来引用，只能引用其中的成员。共用体变量中成员引用的一般形式为：

共用体变量名 . 成员名;

如 a 被定义为上述 perdata 类型的变量之后，可使用 a. class、a. office。另外，也可以通过指针变量引用共用体变量的成员。

例如：

```
union perdata ＊p，a;
p＝＆a;
p－＞class;
```

对于共用体变量的赋值，不允许只用共用体变量名进行赋值或其他操作，也不允许对共用体变量进行初始化赋值，赋值只能在程序中进行。还要再强调说明的是，一个共用体变量，每次只能赋予一个成员值。换句话说，一个共用体变量的值就是共用体变量的某一个成员值。

本章小结

本章主要学习了 C 语言的用户自定义类型——结构体和共用体。在学习结构体时，首先应了解结构体与数组的区别，同一数组元素的类型是相同的，而同一结构体成员的类型可以不同，并且需要根据实际情况定义结构体类型。

结构体类型和结构体类型变量是不同的概念，定义结构体类型变量时应先定义结构体类型，然后再定义变量属于该类型。定义了一个结构体类型后，系统并没有为所定义的各成员项分配相应的存储空间。只有定义了一个结构体类型变量，系统才为所定义的变量分配相应的存储空间。

结构体类型变量占用内存的字节数是所有成员占用内存长度之和。结构体指针只能指向结构体变量，不能指向其成员，它们是不同类型的指针值。另外结构体类型指针变量只能指向同一类型的结构体变量。

在学习共用体时，可以与结构体类型进行比较，了解它们之间的共同点与不同点，有利于更准确地掌握它们。这两种类型数据的本质区别是它们在内存中的存储形式不同，结构体的各个成员均有独立的存储空间，而共用体成员共享同一存储空间，所以共用体变量所占存储空间是它所属成员中占存储空间最大的字节数。共用体数据的这个基本特点，决定了共用体成员的使用方法。例如，在同一时刻只有一个成员值是有意义的，其他成员值是无意义的。一旦要使用另一成员，就必须用该成员值覆盖原成员值。

巩固练习

【题目】

1. 建立同学通信录。

2. 建立并输出一个学生成绩链表（假设学生成绩表中只含姓名和成绩）。

3. 设有一个教师与学生通用的表格，教师数据有姓名、年龄、职业、教研室四项。学生有姓名、年龄、职业、班级四项。编写程序输入人员数据，再以表格形式输出。

4. 通过键盘输入30名学生的基本信息，并在屏幕上输出；然后，再通过键盘输入一个月份和日期，查找并输出本年度在这个给定日期之后过生日的学生信息。

【参考答案】

1.
```c
#include <stdio.h>
#define NUM 2
struct mem                              /* 定义结构体 */
{   char name[20];
    char phone[10];
};
void main()
{   struct mem man[NUM];
    int i;
    for(i=0;i<NUM;i++)                   /* 输入通信录 */
    {   printf("input name:");
        gets(man[i].name);
        printf("input phone:");
        gets(man[i].phone);
    }
    printf("Name\t\tPhone\n");
    for(i=0;i<NUM;i++)                   /* 输出通信录 */
        printf("%s\t%s\n",man[i].name,man[i].phone);
}
```

2.
```c
#include <stdio.h>
#include <malloc.h>
typedef struct student           /* 自定义链表结点数据类型名 ST 和指针类型名 *
```

```
STU */
    {   char name[20];
        int   score;
        struct student * next;                      /* 结点指针域 */
    }
    ST, * STU;
    STU createlink(int n)/* 建立一个由 n 个结点构成的单链表函数,返回结点指针类型 */
    {   int i;
        STU p,q,head;
        if(n<=0)
            return(NULL);
        head=(STU)malloc(sizeof(ST));        /* 生成第一个结点 */
        printf("input datas:\n");
        scanf("%s %d",head->name,&head->score); /* 两个数据之间用一个空格间隔 */
        p=head;
    for(i=1;i<n;i++)
        {   q=(STU)malloc(sizeof(ST));
            scanf("%s %d",q->name,&q->score);
            p->next=q;                      /* 连接 q 结点 */
            p=q;                            /* p 跳到 q 上,再准备连接下一个结点 q */
        }
        p->next=NULL;                       /* 置尾结点指针域为空指针 */
        return(head);                       /* 将已建立起来的单链表头指针返回 */
    }
    void list(STU head)                     /* 链表的输出 */
    {   STU p=head;                         /* 从头指针出发,依次输出各结点的值,直到遇到
        NULL */
        while(p! =NULL)
        {   printf("%s\t %d\n",p->name,p->score);
            p=p->next;                      /* p 指针顺序后移一个结点 */
        }
    }
    void main()
    {   STU h;
        int n;
        printf("input number of node:");
        scanf("%d",&n);
        h=createlink(n);                    /* 调用建立单链表的函数 */
        list(h);                            /* 调用输出链表的函数 */
    }
```

3.
```c
#include <stdio.h>
#include <malloc.h>
#include <stdlib.h>
void main()
{   struct
    {   char name[10];
        int age;
        char job;
        union
/* 定义共用体变量 */
        {   int class1;
            char office[10];
        }depa;
    }body[2];
/* 定义结构体数组 */
int n,i;
    for(i=0;i<2;i++)
    {   printf("input name,age,job and department:");
        scanf("%s %d %c",body[i].name,&body[i].age,&body[i].job);
        if(body[i].job=='s')
            scanf("%d",&body[i].depa.class1);
        else
            scanf("%s",body[i].depa.office);
    }
    printf("name\t age\t job\tclass1/office\n");
    for(i=0;i<2;i++)
    {   if(body[i].job=='s')
            printf("%s\t%3d\t%3c\t%d\n",body[i].name,body[i].age ,body[i].job,body[i].depa.class1);
        else
            printf("%s\t%3d\t%3c\t%s\n",body[i].name,body[i].age,body[i].job,body[i].depa.office);
    }
}
```
4.
```c
#include <stdio.h>
#define NUM 30
typedef struct {/* 日期结构 */
```

```c
        int year;
        int month;
        int day;
    }DATE;
    typedef struct {/* 学生信息结构 */
        int num;
        char name[24];
        DATE birthday;
        char department[48];
        char major[32];
    }STUDENTIFNO;
    void inputInfo(STUDENTIFNO[ ]);
    void outputInfo(STUDENTIFNO[ ]);
    void searchInfo(STUDENTIFNO[ ], DATE);
    main( )
    {
        STUDENTIFNO s[NUM];
        DATE date;
        inputInfo(s);
        outputInfo(s);
        printf("\n Enter a date(month,day)");
        scanf("%d%d", &date.month, &date.day);
        searchInfo(s, date);
    }
    void inputInfo(STUDENTIFNO s[ ])
    {
        int i;
        printf("\nEnter %d student's information(name,birthday,department,major)\n",
NUM);
        for (i=0; i<NUM; i++) {
          s[i].num = i+1;
          scanf("%s", s[i].name);
          scanf("%d%d%d", &s[i].birthday.year, &s[i].birthday.month, &s[i].birth-
day.day);
          scanf("%s", s[i].department);
          scanf("%s", s[i].major);
        }
    }
    /* 输出全部学生的信息 */
    void outputInfo(STUDENTIFNO s[ ])
```

```c
{
    int i；

    printf("\n Num        Name      Dirthday    Department   Major\n")；
    for (i=0；i<NUM；i++) {
        printf("\n%4d%14s   %4d/%2d/%2d%16s%16s",
                s[i]. num，s[i]. name,
s[i]. birthday. year，s[i]. birthday. month，s[i]. birthday. day,
s[i]. department，s[i]. major)；
    }
}
void searchInfo(STUDENTIFNO s[ ]，DATE date)
{
    int i；

    for (i=0；i<NUM；i++){
        if (s[i]. birthday. month > date. month) {
                        printf("\n%4d%16s    %2d//%2d"，s[i]. num，
            s[i]. name，s[i]. birthday. month，s[i]. birthday. day)；
                        continue；
        }
        if (s[i]. birthday. month==date. month && s[i]. birthday. day>date. day) {
                    printf("\n%4d%16s    %2d//%2d"，s[i]. num，
            s[i]. name，s[i]. birthday. month，s[i]. birthday. day)；
        }
    }
}
```

第13章

文 件 》》》

【引导项目】

本章所介绍的项目是：文件加密。

要求根据提示输入要加密的文件名，然后输入密码，最后输入加密后的文件名，程序会对文件进行加密。

【要点解析】

当今社会是一个信息社会，你的个人信息和聊天记录，极有可能被别有用心的人时时刻刻监视着，那么你想不想实现专属于两个人或一个小圈子的人，在社交软件上的交流信息不被任何其他人读懂呢？下面就给大家提供一个原理简单、程序很容易实现的 C 语言文字加密小程序的实现算法。

其操作是指示用户键入一个完整的文件名，包含文件路径和文件名，然后输入加密密码，就可以对指定文件进行加密了。

加密的原理：读出文件中的字符，然后与自己输入的加密密码进行异或比对，最后写到新的文件中。

参考项目程序：

```
#include 〈stdio. h〉              /*标准输入输出头文件*/
#include 〈stdlib. h〉
#include 〈string. h〉
void encrypt(char * sfile, char * pwd, char * cfile);  /*文件加密的具体函数*/
void main()                    /*定义 main()函数的命令行参数*/
{
    char sfile[30];            /*用户输入的要加密的文件名*/
    char cfile[30];
    char pwd[10];              /*用来保存密码*/
        printf("please input sourcefile name:\n");
```

```
        gets(sfile);                    /* 得到要加密的文件名 */
        printf("please input Password:\n");
        gets(pwd);                      /* 得到密码 */
        printf("please input codefile name:\n");
        gets(cfile);                    /* 得到加密后你要的文件名 */
        encrypt(sfile, pwd, cfile);
}
void encrypt(char * sfile, char * pwd, char * cfile)/* 函数 encrypt 用于加密 */
{
        int i = 0;
        FILE * fp1, * fp2;              /* 定义 fp1 和 fp2 是指向结构体变量的指针 */
        register char ch;
        fp1 = fopen(sfile, "rb");
        if(fp1 == NULL)
        {
          printf("cannot open sourcefile. \n");
          exit(1);                      /* 如果不能打开要加密的文件,便退出程序 */
        }
        fp2 = fopen(cfile, "wb");
        if(fp2 == NULL)
        {
          printf("cannot open or create codefile. \n");
          exit(1);                      /* 如果不能建立加密后的文件,便退出 */
        }
        ch = fgetc(fp1);
        while(! feof(fp1))              /* 测试文件是否结束 */
        {
          ch=ch^*(pwd + i);            /* 采用异或方法进行加密 */
          i++;
          fputc(ch, fp2);               /* 异或后写入 fp2 文件 */
          ch = fgetc(fp1);
          if(i > 9)
            i = 0;
        }
        fclose(fp1);                    /* 关闭源文件 */
        fclose(fp2);                    /* 关闭目标文件 */
    }
```

　　所谓"文件"是指一组相关数据的有序集合。这个数据集有一个名称,叫做文件名。通常情况下使用计算机也就是在使用文件,在前面的程序设计中介绍了输入函数和输出函数实现的输入与输出,即从标准输入设备(键盘)输入,由标准输出设备(如投影仪)输出。文件通常是驻留在外部介质（如硬盘等）上的，在使用时才调入内存中来。其实，在我们开始学习 C 语言时，就知道在 C 语言的环境下，应将源程序输入到计算机中，得到后缀为 .C 的文件并存储在计算机的硬盘中。

13.1　文件的基本操作

文件的基本操作包括文件的打开和关闭，除了标准的输入、输出文件外，其他所有的文件都必须先打开，再使用，使用结束后，必须关闭该文件。

13.1.1　文件指针

文件指针是一个指向文件有关信息的指针，这些信息包括文件名、文件状态和当前位置等，它们保存在一个结构体变量中。在使用文件时，需要在内存中为其分配空间，用来存放文件的基本信息，此结构体类型是由系统定义的，C 语言规定此类型为 FILE 型。

在 C 语言中，用一个指针变量指向一个文件，这个指针称为文件指针。通过文件指针就可对它所指的文件进行各种操作。

定义说明文件指针的一般形式为：

　　FILE ∗ 指针变量标识符；

例如：FILE ∗ fp1，∗ fp2；

表示 fp1 和 fp2 是指向（文件类型）FILE 结构的指针变量，称为文件指针。通过 fp1 和 fp2 即可找到存放某个文件信息的结构变量，然后按结构变量提供的信息找到对应的文件，实施对文件的操作。

13.1.2　文件的打开

fopen 函数用来打开一个文件，打开文件的操作就是创建一个流，fopen 函数的定义在 stdio.h 头文件中，其调用的一般形式为：

文件指针名＝fopen（文件名，使用文件方式）；

其中，"文件指针名"必须是被说明为 FILE 类型的指针变量；"文件名"是被打开文件的文件名；"使用文件方式"是指文件的类型和操作要求。"文件名"是字符串常量或字符串数组。

例如：FILE ∗ fp；

fp＝("file a","r")；

其意义是在当前目录下打开文件 file a，只允许进行"读"操作，并使 fp 指向该文件。

使用文件的方式共有 12 种，表 13.1 给出了它们的符号和意义。

表 13.1　使用文件的方式、符号和意义

文件使用方式、符号	意　义
"rt"	只读打开一个文本文件，只允许读数据
"wt"	只写打开或建立一个文本文件，只允许写数据

文件使用方式、符号	意义
"at"	追加打开一个文本文件,并在文件末尾写数据
"rb"	只读打开一个二进制文件,只允许读数据
"wb"	只写打开或建立一个二进制文件,只允许写数据
"ab"	追加打开一个二进制文件,并在文件末尾写数据
"rt+"	读写打开一个文本文件,允许读和写
"wt+"	读写打开或建立一个文本文件,允许读写
"at+"	读写打开一个文本文件,允许读,或在文件末追加数据
"rb+"	读写打开一个二进制文件,允许读和写
"wb+"	读写打开或建立一个二进制文件,允许读和写
"ab+"	读写打开一个二进制文件,允许读,或在文件末追加数据

对于文件使用方式有以下几点说明。

(1) 文件使用方式由 r、w、a、t、b、+ 共六个字符拼成,各字符的含义是:

r(read):　　　　　读

w(write):　　　　写

a(append):　　　追加

t(text):　　　　　文本文件,可省略不写

b(banary):　　　二进制文件

+:　　　　　　　读和写

(2) 凡用"r"打开一个文件时,该文件必须已经存在,且只能从该文件读出。

(3) 用"w"打开的文件只能向该文件写入。若打开的文件不存在,则以指定的文件名建立该文件,若打开的文件已经存在,则将该文件删去,重建一个新文件。

(4) 若要向一个已存在的文件追加新的信息,只能用"a"方式打开文件,但此时该文件必须是存在的,否则将会出错。

(5) 在打开一个文件时,如果出错,fopen 将返回一个空指针值 NULL。在程序中可以用这一信息来判别是否完成打开文件的工作,并作相应的处理。通常打开文件失败会有以下三个方面的原因:

① 指定的盘符或路径不存在;

② 文件名中含有无效字符;

③ 以 r 模式打开一个不存在的文件。

13.1.3　文件的关闭

文件在使用完毕后,应该使用 fclose 函数将其关闭,fclose 函数和 fopen 函数一样,都是在 stdio.h 头文件中定义的,调用的一般形式为:

fclose(文件指针);

例如:

fclose(fp);

fclose 函数也带回一个值,当正常完成关闭文件操作时,fclose 函数返回值为 0,否则返回 EOF。

注意:在程序结束之前应该关闭所有文件,这样做的目的是为了防止突然关机时造成的

数据丢失。

13.2　文件的读与写

打开文件后，就是对文件进行读与写（即读出与写入）操作。C 语言提供了丰富的文件读写函数，如表 13.2 所示：

表 13.2　文件的读写函数

数据类型	读出	写入
字符	fgetc	fputc
字符串	fgets	fputs
数据块	fread	fwrite
磁盘文件	fscanf	fprintf

注意：文件的读出是指把文件中的原有数据读取出来的操作，文件的写入是指将需要的数据写入到文件中。

1）fputc 函数

fputc 函数的一般形式为：

    ch＝fputc(ch,fp);

此函数的作用是把一个字符写到磁盘文件中，即 fp 文件指针所指向的文件。其中 ch 是要写入的字符，当函数写入成功，则返回值为写入的字符，反之则返回 EOF。

◎【例 13.1】　向 C 盘中的 f1. txt 文件中写入 "I LOVE China!"，以 # 结束输入。

```
#include〈stdio. h〉
main()
{
    FILE * fp;              /* 定义一个指向 FILE 类型结构体的指针变量 */
    char ch;               /* 定义变量为字符型 */
    if((fp = fopen("c:\\f1. txt","w"))== NULL)/* 以只写方式打开指定文件 */
    {
        printf("cannot open file\n");
        exit(0);
    }
    ch = getchar();        /* fgetc 函数带回一个字符赋给 ch */
    while(ch ! = '#')     /* 当输入"#"时结束循环 */
    {
        fputc(ch, fp);     /* 将读入的字符写到磁盘文件上去 */
        ch = getchar();    /* fgetc 函数继续带回一个字符赋给 ch */
    }
    fclose(fp);            /* 关闭文件 */
}
```

2) fgetc 函数

fgetc 函数的一般形式为：

        ch＝fgetc(fp)；

此函数的作用是从指定的文件，即 fp 文件指针所指向的文件，读出一个字符赋给 ch。注意，此文件必须是以读或写的方式打开的，当函数遇到文件结束符时，将返回一个文件结束标志 EOF。

【例 13.2】 在 C 盘中建立文件 f2.txt，文件内容为"I LOVE China!"，在屏幕上显示出 f2.txt 文件中的内容。

```
#include ⟨stdio.h⟩
main()
{
    FILE * fp;                    /* 定义一个指向 FILE 类型结构体的指针变量 */
    char ch;                      /* 定义变量及数组为字符型 */
    fp = fopen("c:\\f2.txt","r"); /* 以只读方式打开指定文件 */
    ch = fgetc(fp);               /* fgetc 函数带回一个字符赋给 ch */
    while(ch ! = EOF)             /* 当读入的字符值等于 EOF 时结束循环 */
    {
        putchar(ch);              /* 将读入的字符输出在屏幕上 */
        ch = fgetc(fp);           /* fgetc 函数继续带回一个字符赋给 ch */
    }
    fclose(fp);                   /* 关闭文件 */
}
```

3) fputs 函数

fputs 函数与 fputc 函数类似，不同的是 fputc 函数每次只向文件中写入一个字符，而 fputs 函数每次可以向文件中写入一个字符串。

fputs 函数的一般形式为：

        fputs(字符串,文件指针)；

此函数的作用是向指定的文件写入一个字符串，其中字符串可以是字符串常量，也可以是字符数组名等。

【例 13.3】 向 C 盘中的 f3.txt 文件中，写入字符串"I LOVE China!"

```
#include⟨stdio.h⟩
#include⟨process.h⟩
main()
{
    FILE * fp;
    char filename[30],str[30];           /* 定义两个字符型数组 */
    printf("please input filename:\n");
```

```
    scanf("%s",filename);                        /* 输入文件名 c:\\f3.txt */
    if((fp=fopen(filename,"w"))==NULL)   /* 判断文件是否打开失败 */
    {
        printf("can not open! \npress any key to continue:\n");
        getchar();
        exit(0);
    }
    printf("please input string:\n");            /* 提示输入字符串 */
    getchar();
    gets(str);
    fputs(str,fp);                               /* 将字符串写入 fp 所指向的文件中 */
    fclose(fp);
}
```

4) fgets 函数

fgets 函数与 fgetc 函数类似，不同的是 fgetc 函数每次只从文件中读出一个字符，而 fgets 函数每次可以从文件中读出一个字符串。

fgets 函数的一般形式为：

    fgets(字符数组名,n,文件指针);

此函数的作用是从指定的文件中读出一个字符串到字符数组中。n 表示所得到的字符串中字符的个数，包括"\0"。

【例 13.4】 读取 C 盘中 f4.txt 文件中的内容。

```
#include<stdio.h>
#include<process.h>
main()
{
    FILE *fp;
    char filename[30],str[30];                   /* 定义两个字符型数组 */
    printf("please input filename:\n");
    scanf("%s",filename);                        /* 输入文件名 c:\\f4.txt */
    if((fp=fopen(filename,"r"))==NULL)   /* 判断文件是否打开失败 */
    {
        printf("can not open! \npress any key to continue\n");
        getchar();
        exit(0);
    }
    fgets(str,sizeof(str),fp);                    /* 读取磁盘文件中的内容 */
    printf("%s",str);
    fclose(fp);
}
```

5）fprintf 函数

前面讲过 printf 函数和 scanf 函数，它们都是格式化读写函数，而 fprintf 函数、fscanf 函数与 printf、scanf 作用相似，但是 fprintf 函数、fscanf 函数与 printf 函数、scanf 函数最大的不同就是读写的对象不同，前二者读写的对象是磁盘文件。

fprintf 函数的一般形式为：

  ch＝fprintf(文件类型指针,格式字符串,输出列表);

例如：fprintf（fp，"％d"，i）;

它的作用是将整形变量 i 的值，按十进制整型的格式输出到 fp 指向的文件中。

【例 13.5】 将数字 38 以字符的形式写到 C 盘中 f5. txt 文件中。

```
#include〈stdio. h〉
#include〈process. h〉
main()
{
    FILE * fp;
    int i＝38;
    char filename[30];                    / * 定义一个字符型数组 * /
    printf("please input filename:\n");
    scanf("%s",filename);                 / * 输入文件名 c:\\f5. txt * /
    if((fp＝fopen(filename,"w"))＝＝NULL)  / * 判断文件是否打开失败 * /
    {
        printf("can not open! \npress any key to continue\n");
        getchar();
        exit(0);
    }
    fprintf(fp,"%c",i);            / * 将 38 以字符形式写入 fp 所指的磁盘文件中 * /
    fclose(fp);
}
```

6）fscanf 函数

fscanf 函数的一般形式为：

  fscanf（文件类型指针，格式字符串，输入列表）;

例如：fscanf（fp，"％d"，&i）;

它的作用是读出 fp 所指向的文件中 i 的值。

【例 13.6】 将 C 盘中 f6. txt 文件中的 "abcde" 5 个字符，以整数形式读出。

```
#include〈stdio. h〉
#include〈process. h〉
main()
{
```

```
    FILE  * fp;
    char i,j;
    char filename[30];                    / *定义一个字符型数组 * /
    printf("please input filename:\n");
    scanf("%s",filename);                 / *输入文件名 c:\\f6.txt * /
    if((fp=fopen(filename,"r"))==NULL)   / *判断文件是否打开失败 * /
    {
        printf("can not open! \npress any key to continue\n");
        getchar();
        exit(0);
    }
    for(i=0;i<5;i++)
    {
        fscanf(fp,"%c",&j);
        printf("%d is:%5d\n",i+1,j);
    }
    fclose(fp);
}
```

7) fread 函数和 fwrite 函数

fread 函数和 fwrite 函数能够实现整块读写文件中的数据。例如，对一个结构体类型变量值进行读写等。

fread 函数的一般形式为：

　　　　fread（地址，字节数，读出的次数，文件指针）；

此函数的作用是从文件指针所指的文件中读出指定的次数，每次读出指定的字节数，读出的信息存放在指定的地址中。

　　　　fwrite（地址，字节数，读出的次数，文件指针）；

此函数的作用是将指定的地址开始的信息，以指定的次数、每次指定的字节数，写入到文件指针所指的文件中，

例如：fread（a，2，3，fp）；

上面代码的意思是从 fp 所指的文件中，每次读 2 个字节送入到数组 a 中，连续 3 次。

又如：fwrite（a，2，3，fp）；

这个代码的意思是将 a 数组中的信息，每次输出 2 个字节到 fp 所指向的文件中，连续 3 次。

◉ 【例 13.7】 实现将录入的通信录信息保存到 C 盘 f7.txt 文件中，在录入完信息后，要将所录入的信息全部显示出来。

```
#include <stdio.h>
#include <process.h>
struct address_list              / *定义结构体存储学生成绩信息 * /
{
```

```c
    char name[10];
    char adr[20];
    char tel[15];
}info[100];
void save(char * name, int n)        /* 自定义函数 save */
{
    FILE * fp;                       /* 定义一个指向 FILE 类型结构体的指针变量 */
    int i;
    if((fp = fopen(name, "wb")) == NULL)/* 以只写方式打开指定文件 */
    {
        printf("cannot open file\n");
        exit(0);
    }
        for(i = 0; i < n; i++)
        if(fwrite(&info[i], sizeof(struct address_list), 1, fp)! = 1)
                                     /* 将一组数据输出到 fp 所指的文件中 */
        printf("file write error\n");    /* 如果写入文件不成功,则输出错误 */
        fclose(fp);                      /* 关闭文件 */
    }
    void show(char * name, int n)    /* 自定义函数 show */
    {
        int i;
        FILE * fp;                   /* 定义一个指向 FILE 类型结构体的指针变量 */
        if((fp = fopen(name, "rb")) == NULL)    /* 以只读方式打开指定文件 */
        {
            printf("cannot open file\n");
            exit(0);
        }
        for(i = 0; i < n; i++)
        {
            fread(&info[i], sizeof(struct address_list), 1, fp);
                                     /* 从 fp 所指向的文件读入数据存到数组 score 中 */
            printf("%15s%20s%20s\n", info[i]. name, info[i]. adr, info[i]. tel);
        }
        fclose(fp);                  /* 关闭指定文件 */
    }
    main()
    {
        int i, n;                    /* 变量类型为基本整型 */
        char filename[50];           /* 数组为字符型 */
```

```
printf("how many ? \n");
scanf("%d", &n);                    /* 输入学生数 */
printf("please input filename:\n");
scanf("%s", filename);              /* 输入文件所在路径及名称 c:\\f7.txt */
printf("please input name,address,telephone:\n");
for(i = 0; i < n; i++)             /* 输入学生成绩信息 */
{
   printf("NO%d", i + 1);
   scanf("%s%s%s", info[i].name, info[i].adr, info[i].tel);
   save(filename, n);              /* 调用函数 save */
}
show(filename, n);                 /* 调用函数 show */
}
```

13.3　文件的定位

在对文件进行操作时，往往不需要从头开始，只需要对其中指定的内容进行读写操作，这时就需要使用文件定位函数来实现对文件内容的准确定位。

1）fseek 函数

fseek 函数是用来移动文件内部位置的指针，其调用形式为：
　　　fseek(文件指针,位移量,起始点);
其中，"文件指针"指向被移动的文件。

"位移量"表示移动的字节数，要求位移量是 long 型数据，以便在文件长度大于 64KB 时不会出错。当用常量表示位移量时，要求加后缀 "L"。

"起始点"表示从何处开始计算位移量，规定的起始点有三种：文件首、当前位置和文件末尾。

其表示方法如表 13.3。

表 13.3　起始点的表示方法

起始点	表示符号	数字表示
文件首	SEEK_SET	0
当前位置	SEEK_CUR	1
文件末尾	SEEK_END	2

例如：fseek (fp, -20L, 1);
以上代码表示将指针位置从当前位置向后退 20 个字节。

还要说明的是 fseek 函数一般用于二进制文件。在文本文件中由于要进行转换，所以其计算的位置往往会出现错误。

◉**【例 13.8】**　向任意一个二进制文件中，写入一个长度大于 8 的字符串，然后从该字符串的第 6 个字符开始，输出余下字符。

```
#include〈stdio. h〉
#include〈process. h〉
main()
{
    FILE  * fp;
    char filename[30],str[50];/ * 定义两个字符型数组 * /
    printf("please input filename:\n");
    scanf("%s",filename);/ * 输入文件名 c:\\f8. txt * /
    if((fp=fopen(filename,"wb"))==NULL)/ * 判断文件是否打开失败 * /
    {
        printf("can not open! \npress any key to continue\n");
        getchar();
        exit(0);
    }
    printf("please input string:\n");
    getchar();
    gets(str);
    fputs(str,fp);
    fclose(fp);
    if((fp=fopen(filename,"rb"))==NULL)/ * 判断文件是否打开失败 * /
    {
        printf("can not open! \npress any key to continue\n");
        getchar();
        exit(0);
    }
    fseek(fp,7L,0); / * 将文件指针指向距文件 7 个字节的位置,也就是第 8 个字符 * /
    fgets(str,sizeof(str),fp);
    putchar('\n');
    puts(str);
    fclose(fp);
}
```

2）rewind 函数

rewind 函数与 fseek 函数相似，也可以实现定位文件指针的作用，从而达到随机读写文件的目的，rewind 函数的一般形式为：

int rewind(文件指针);

它的功能是把文件内部的位置指针移到文件开头，此函数没有返回值。

◉ **【例 13.9】** rewind 函数的使用。

#include〈stdio. h〉

```
#include<process. h>
main()
{
  FILE * fp;
  char ch,filename[50];
  printf("please input filename:\n");
  scanf("%s",filename);                  /* 输入文件名 c:\\f9. txt */
  if((fp=fopen(filename,"r"))==NULL) /* 以只读方式打开该文件 */
  {
    printf("cannot open this file. \n");
    exit(0);
  }
  ch = fgetc(fp);
  while(ch ! = EOF)
  {
    putchar(ch);                        /* 输出字符 */
    ch = fgetc(fp);                     /* 获取 fp 指向文件中的字符 */
  }
  rewind(fp);                           /* 指针指向文件开头 */
  ch = fgetc(fp);
  while(ch ! = EOF)
  {
    putchar(ch);                        /* 输出字符 */
    ch = fgetc(fp);
  }
  fclose(fp);                           /* 关闭文件 */
}
```

3） ftell 函数

ftell 函数用以获得文件当前位置指针的位置，该函数给出当前位置指针相对于文件开头的字节数。

ftell 函数的一般形式为：

```
long t;
t= ftell(文件类型指针);
```

◎【例 13.10】 求字符串长度。
```
#include<stdio. h>
#include<process. h>
main()
{
  FILE * fp;
```

```
    int n;
    char ch,filename[50];
    printf("please input filename:\n");
    scanf("%s",filename);                          /*输入文件名 c:\\f10.txt*/
    if((fp=fopen(filename,"r"))==NULL)  /*以只读方式打开该文件*/
    {
        printf("cannot open this file. \n");
        exit(0);
    }
    ch = fgetc(fp);
    while(ch ! = EOF)
    {
        putchar(ch);                               /*输出字符*/
        ch = fgetc(fp);                            /*获取 fp 指向文件中的字符*/
    }
    n=ftell(fp);
    printf("\nthe length of the string is:%d\n",n);
    fclose(fp);                                    /*关闭文件*/
}
```

本章小结

在 C 语言中，文件是指存储在外部介质上的一组相关的数据的集合。按照不同的组织方式，文件被划分成两个类型：文本文件和二进制文件。文本文件以字符为基本单位，每个字符用 ASCII 值表示。二进制文件的特征是直接按照二进制编码形式存储数值。

C 语言提供了一种数据类型 FILE。对文件的操作都必须通过一个指向 FILE 的指针来完成。

对文件格式的理解是程序员的必备技术。本章介绍了文件操作相关的函数。这些函数都很具有代表性，理解其思想能给日后在其他平台、语言下编程带来方便。本章还介绍了文件的定位、加密等知识，将为实际程序开发中设计文件格式打下基础。

巩固练习

【题目】

1. 以写方式打开一个在 D 盘下的名字为 test.txt 的文本文件，再进行关闭文件操作。

2. 输入 5 行字符，将其写入到 C 盘根目录的 myfile.txt 文件中。

3. 用文本方式把字符 " '1'、'0'、'2' " 存入文件，然后用二进制方式从文件开头读出一个 short 型数据，并验证结果是否正确。

4. 从键盘输入 5 个学生数据，写入一个文件中。

5. 输入两个学生数据，写入一个文件中，再读出这两个学生的数据并显示在屏幕上。

6. 利用格式化读写文件的方式存储学生基本信息。

【参考答案】

1.
```
#include <stdio.h>
#include <stdlib.h>                    /* exit 函数包含在该头文件中 */
void main()
{ FILE * fp;
  if((fp=fopen("D:\\test.txt","w"))==NULL)
  { printf("Can not open file\n");
    exit(0);                          /* 若文件打开失败则退出程序 */
  }
  fclose(fp);                         /* 关闭文件 */
}
```

2.
```
#include <stdio.h>
#include <stdlib.h>                    /* exit 函数包含在该头文件中 */
void main()
{ FILE * fp;
  char ch[80], * p=ch;
  int n;
  if((fp=fopen("c:\\myfile.txt","w"))==NULL)
  { printf("Cannot open the exit!");
    exit(0);                          /* 若文件打开失败,则退出程序 */
  }
  printf("input a string:\n");
for(n=1;n<=5;n++)
  { gets(p);                          /* 输入一行字符 */
    while( * p! ='\0')                /* 将字符逐个写入文件 */
    { fputc( * p,fp);
      p++;
    }
    fputc('\n',fp);                   /* 写入换行符 */
  }
  fclose(fp);                         /* 关闭文件 */
}
```

3.
```
#include <stdio.h>
#include <stdlib.h>
```

```c
int main()
{
    FILE  * fp;
    short m;
    char str[]={'1','0','2'};
    if((fp=fopen("text. txt","w+"))==NULL){
        printf("打开文件 text. txt 失败\n");
        exit(1);
    }
    fwrite(str,1,3,fp);
    rewind(fp);           //读写转换间,必须调用 rewind/fseek/fflush
    fread(&m,2,1,fp);     //也可以写成 fread(&m,1,2,fp);
    fclose(fp);
    printf("%d\n",m);
    return 0;
}
```

4.
```c
#include <stdio. h>
#include <conio. h>
#include <stdlib. h>
struct student                          /* 定义学生信息结构体类型 */
{ char name[10];
  int num;
  int age;
  char addr[15];
}stu[5], * pp;
void main()
{ FILE * fp;
  char ch;
  int i;
  pp=stu;
if((fp=fopen("c:\\student. dat","wb"))==NULL)
  { printf("Cannot open file strike any key exit!");
    getch();
    exit(0);                        /* 若文件打开失败则退出程序 */
  }
  printf("\ninput data\n");
  for(i=0;i<5;i++,pp++)                        /* 输入 5 名学生数据 */
  scanf("%s%d%d%s",pp->name,&pp->num,&pp->age,pp->addr);
  pp=stu;
```

```
        fwrite(pp,sizeof(stu),5,fp);
        fclose(fp);                                          /* 关闭文件 */
    }

5.
    #include 〈stdio. h〉
    #include 〈conio. h〉
    #include 〈stdlib. h〉
    struct stu
    { char name[10];                    /* 最大长度定义为 10 */
      int num;                              /* 最大长度定义为 8 */
      int age;                                /* 最大长度定义为 3 */
      char addr[20];                    /* 最大长度定义为 20 */
    }boya[2],boyb[2], * pp, * qq;
    void main()
    { FILE * fp;
      int i;
      pp=boya;
      qq=boyb;
    if((fp=fopen("stu_list","wb+"))==NULL)
      { printf("Cannot open file strike any key exit!");
        getch();
        exit(0);                                   /* 若文件打开失败则退出程序 */
      }
      printf("input data:\n");
      for(i=0;i<1;i++,pp++)
        scanf("%s %d %d %s",pp->name,&pp->num,&pp->age,pp->addr);
      pp=boya;
      fwrite(pp,sizeof(struct stu),2,fp);
      rewind(fp);
      fread(qq,sizeof(struct stu),2,fp);
      printf("\n\nname          number        age   addr\n");
      for(i=0;i<1;i++,qq++)
        printf("%-10s  %-12d%-3d  %-20s\n",qq->name,
                qq->num,qq->age,qq->addr);
      fclose(fp);
    }

6. #include 〈stdio. h〉
   #define NUM 3
   typedef struct info {                         /* 表示学生基本信息的结构类型 */
     int No;
```

```c
        char name[16];
        char department[32];
        char major[32];
    }INFO;
    main( )
    {
    INFO s;
    int i;
    FILE * fp;
    char filename[32];
    printf("\nEnter file'name:");/* 输入文件名 */
    gets(filename);
    if((fp=fopen(filename, "w"))== NULL){    /* 以写方式打开文件 */
        printf("\Cannot open %s file.", filename);
        return 1;
    }
for(i=0; i<NUM; i++){            /* 按照格式控制输入学生信息并写入文件 */
        scanf("%d%s%s%s", &s. No, s. name, s. department, s. major);
        fprintf(fp, "%d   %s   %s   %s\n", s. No, s. name, s. department, s. major);
    }
    fclose(fp);                                /* 关闭文件 */
    if((fp=fopen(filename, "r"))==NULL){        /* 以读方式打开文件 */
        printf("\nCannot open %s file.",filename);
        return 1;
    }
    while(! feof(fp)){                /* 按照格式控制从文件中读信息并显示输出 */
        fscanf(fp, "%d%s%s%s\n", &s. No, s. name, s. department, s. major);
        printf("\n%4d%16s%20s%20s", s. No, s. name, s. department, s. major);
    }
    fclose(fp);                        /* 关闭文件 */
}
```

附录　运算符优先级和结合性

优先级	运算符	含义	运算对象个数	结合方向
1	（　）	圆括号		自左至右
	［　］	下标运算符		
	->	指向结构体成员运算符		
	•	结构体成员运算符		
2	！	逻辑非运算符	1（单目运算符）	自右至左
	~	按位取反运算符		
	++	自增运算符		
	——	自减运算符		
	—	负号运算符		
	（类型）	类型转换运算符		
	*	指针运算符		
	&	取地址运算符		
	sizeof	长度运算符		
3	*	乘法运算符	2（双目运算符）	自左至右
	/	除法运算符		
	%	求余运算符		
4	+	加法运算符	2（双目运算符）	自左至右
	—	减法运算符		
5	≪	左移运算符	2（双目运算符）	自左至右
	≫	右移运算符		
6	< <= > >=	关系运算符	2（双目运算符）	自左至右
7	==	等于运算符	2（双目运算符）	自左至右
	!=	不等于运算符		
8	&	按位与运算符	2（双目运算符）	自左至右
9	^	按位异或运算符	2（双目运算符）	自左至右
10	|	按位或运算符	2（双目运算符）	自左至右
11	&&	逻辑与运算符	2（双目运算符）	自左至右
12	||	逻辑或运算符	2（双目运算符）	自左至右
13	?:	条件运算符	3（三目运算符）	自右至左
14	= += -= *= /= %= ≫= ≪= &= ^= |=	赋值运算符	2（双目运算符）	自右至左
15	,	逗号运算符（顺序求值运算符）	n目	自左至右

参 考 文 献

［1］ 谭浩强．C 程序设计［M］．北京：清华大学出版社，2010.

［2］ 谭晓玲．C/C＋＋语言程序设计［M］．武汉：华中科技大学出版社，2019.

［3］ 刘杉杉，孙秀梅．学通 C 语言的 24 堂课［M］．北京：清华大学出版社，2011.

［4］ 戴晟晖．从零开始学 C 语言［M］．北京：电子工业出版社，2014.

［5］ 梁义涛．C 语言从入门到精通［M］．北京：人民邮电出版社，2018.

［6］ 王一萍，梁伟，李长荣．C 语言从入门到项目实战［M］．北京：中国水利水电出版社，2019.

［7］ 李丽娟．C 语言程序设计教程［M］．北京：人民邮电出版社，2013.

［8］ Paul Deitel．C 语言大学教程［M］．苏小红，等译．北京：电子工业出版社，2017.

［9］ Ivor Horton．C 语言入门经典［M］．杨浩，译．北京：清华大学出版社，2013.

［10］ Brian W. Kernighan．C 程序设计语言［M］．徐宝文，等译．北京：机械工业出版社，2019.